Bernadette Faurie & Penny Swift

Mein Pferd

Alles Wissenswerte rund um die anmutigen Vierbeiner

EDITION XXL

Inhalt

Die beiden wachsamen Lipizzanerstuten verkörpern die Schönheit und Anmut von Pferden.

Geschichte und Entwicklung

Die Evolution des Pferdes gehört zu denen unter den Säugetieren, die am besten dokumentiert sind, da außergewöhnlich vollständige Fossilien gefunden wurden. Sie deuten darauf hin, dass die Vorgänger des modernen Pferdes Laubfresser waren, die auf dem amerikanischen Kontinent in Wäldern lebten.

Vor 50 Millionen Jahren war der Urahn des Pferdes, der sogenannte Hyracotherium, auch Eohippus genannt, nicht größer als ein Fuchs. Anders als die heutigen Pferde hatte er Zehen anstelle von Hufen (drei an den Hinterfüßen und vier vorne).

Im Laufe von Millionen von Jahren veränderte sich die Vegetation und der Eohippus entwickelte sich zum Mesohippus, einem schafgroßen, Blätter fressenden Tier mit längeren Beinen und einem längeren Hals. Vor 25 bis 10 Millionen Jahren tauchte der Merychippus

auf, der so groß war wie ein Pony, aber immer noch Zehen an den Füßen hatte. Er markierte den Übergang vom Laub- zum Grasfresser. Sein Zuhause waren die großen Gras bewachsenen Ebenen, die sich im heutigen Nordeuropa und Amerika entwickelten, als die Eiskappen schmolzen und die Wälder zurückgingen.

Der Pliohippus (entwickelte sich vor zirka 7 bis 2,5 Millionen Jahren) hatte schließlich einen Huf. Er war kräftiger und schneller und hatte pferdeähnlichere Merkmale. Das letzte Glied bildet der Equus. Er tauchte vor knapp zwei Millionen Jahren auf und ist der Vorfahre des heutigen Pferdes sowie verwandter Arten wie dem Zebra.

Darstellungen von Pferden finden sich in Höhlen, zum Beispiel im französischen Lascaux. Diese Zeichnung ist auf 15 000 v. Chr. datiert.

Während des Pleistozäns (ca. 2,5 Millionen bis 10 000 Jahre v. Chr.) verbreitete sich der Equus langsam über die Landbrücke der Beringstraße nach Eurasien. Vor 10 000 bis 8000 Jahren verschwand das Pferd ganz aus Nord- und Südamerika und kam erst im 16. Jahrhundert mit den Spaniern wieder in sein Ursprungsland zurück. In Zentralasien und Europa dagegen verbreitete es sich intensiv weiter.

Im Mesolithikum (ca. 12 000 bis 3000 v. Chr.) zogen sich die Eismassen erneut nach Norden zurück. In Südeuropa folgte darauf das Neolithikum (9000 bis 2400 v. Chr.). In dieser Zeit entwickelte sich der Mensch vom Jäger und Sammler zum Siedler und domestizierte die ersten Tiere. Pferde wurden wahrscheinlich zunächst von den Stämmen domestiziert, die in den Steppen um das Schwarze und Kaspische Meer lebten. Die ersten domestizierten Pferde wurden wahrscheinlich als Zugpferde vor dem Wagen eingesetzt. Aber kurz darauf erkannte der Mensch die Vorteile des Reitens und begann, Pferde gezielt für seine Zwecke zu züchten.

Die Entwicklung der Zivilisation ist eng mit der Beziehung des Menschen zum Pferd verknüpft. Vom Pferderücken aus hatte der Mensch eine andere Perspektive auf seine Welt und entwickelte ein neues Verständnis für seine Rolle bei der Gestaltung der Umwelt. Er konnte auf der Suche nach Nahrung größere Distanzen zurücklegen, und die Möglichkeit, näher an seine Beute heranzukommen, war zur damaligen Zeit ein wichtiger Überlebensfaktor. Pferde ermöglichten dem Menschen, seine Grenzen zu erweitern. Häufig kam er dabei in Kontakt mit anderen Stämmen, was oft zu Konflikten führte. Schon seit frühester Zeit spielt das Pferd eine zentrale Rolle bei Kriegen und Eroberungen, Entdeckungen und Kolonisierungen.

Auch die alten Ägypter nutzten Pferde als Zugtiere. Und während des mächtigen mykenischen Reiches auf Kreta (1900–1200 v. Chr.) wurden Pferde bei der Jagd und im Krieg eingesetzt. Die Skyther brachten es wahrscheinlich zwischen 800 und 700 v. Chr. nach Griechenland und verfeinerten die Kunst des Reitens. Sie ritten auch zum Vergnügen.

Der Ursprung des Sattel- und Zaumzeugs sowie anderer Ausrüstungsgegenstände, die auch heute noch verwendet werden, geht zeitlich ebenso weit zurück. Sättel, Steigbügel und

○ *Pferdedarstellungen aus früheren Zeiten wurden überall in Europa und dem Mittleren Osten gefunden.*

festgenagelte Hufeisen wurden schon in vorchristlicher Zeit in China verwendet. Die ersten Gebisse sind auf 1500 v. Chr. datiert. Man nimmt an, dass sie von nomadischen Stämmen in der Ukraine benutzt wurden, wobei die ersten wohl eher bei Zugpferden und nicht bei Reitpferden eingesetzt wurden. Sogar viel später, als die Araber zu reiten begannen, verwendeten sie ein abgewandeltes gebissloses Halfter, das sogenannte Haqma. Dieser Begriff wurde später anglisiert. So entstand die heutige, für gebisslose Zaumzeuge immer noch übliche Bezeichnung Hackamore.

In Griechenland erschien das Pferd häufig in Literatur und Kunst, auf Tongefäßen und Reliefs, wie zum Beispiel den Friesen im Parthenon von Athen. Um 400 v. Chr. schrieb der athenische Soldat, Historiker und Reiter Xenophon eine Abhandlung mit dem Titel Peri hippikes (Über die Reitkunst). Xenophons großes Pferdeverständnis wird in seiner ganzen Arbeit spürbar und viele seiner Prinzipien, vor allem, dass man ein Pferd sanft und nicht mit Gewalt ausbilden sollte, sind heute noch gültig.

Der Legende zufolge führte Alexander der Große (336–323 v. Chr.) seine Armee auf Buzephalus an, einem Pferd, das nur er hatte einreiten können. Es trug seinen Herrn auf dessen Eroberungszügen durch Asien, starb drei Jahre vor Alexander und wurde am Ufer des Flusses Jhelum in Indien begraben.

Das Pferd trug den Menschen durch Krieg und Frieden, bei Invasionen und Migrationen, aber die Weiterentwicklung der Reitkunst blieb mit dem Untergang des Griechischen Reiches stehen. Das Pferd erleichterte die Expansion des Römischen Reiches von Hannibal bis Hadrian; es ermöglichte berittenen Völkern wie den Vandalen, Franken und Goten, im 4. und 5. Jahrhundert in Zentraleuropa einzufallen, und brachte die Kreuzritter von Europa ins Heilige Land, wo sie mit den im Umgang mit Pferden sehr versierten Arabern und ihren Wüstenrassen in Kontakt kamen.

Die Entdeckung dieser leichtfüßigen Araberpferde mit ihrer legendären Ausdauer, Intelligenz und dem großartigen Charakter hatte einen enormen Einfluss auf die weitere Entwicklung des Pferdes.

Das dominante Bild aus dem Mittelalter ist von Rittern geprägt, die in voller Rüstung auf dem Pferd sitzen. Bei Ritterspielen warben sie um die Gunst ihrer angebeteten Dame. Dabei kam es mehr auf die Galanterie der Ritter als auf die Geschwindigkeit oder Wendigkeit ihrer Pferde an. Aber auf dem Schlachtfeld war der Kampf zu Pferde in einer Ausrüstung, die allein 400 kg wog, mühsam und schwerfällig. Dies kam den Engländern zugute, als die viel leichter ausgerüsteten und beweglicheren Bogenschützen und Fußsoldaten Henrys V. 1415 die französische Kavallerie in Agincourt besiegten. Mit der Entdeckung des Schießpulvers und der Entwicklung von Schusswaffen im 15. Jahrhundert trennten sich die berittenen Krieger schließlich von ihren schweren Rüstungen. Schnelligkeit und Beweglichkeit waren unverzichtbar geworden.

Der Besitz von Schusswaffen und Pferden trug auch wesentlich dazu bei, dass der spanische Eroberer Hernando Cortez die Azteken in Mexiko und Francisco Pizarro die Inkas in Peru besiegen konnten und das Pferd auf diesem Weg wieder an ihrem ursprünglichen Geburtsort, dem amerikanischen Kontinent, einführten.

Jahrhundertelang waren Pferde für den Menschen das einzige Transportmittel. Vom kleinsten Shetlandpony, das auf den Äckern der Inseln eingesetzt wurde, bis zu den eleganten Zweispännern, die Kutschen durch die Städte und Landschaften Europas zogen – Pferde spielten im täglichen Leben vieler Menschen auf der Welt eine überaus wichtige Rolle.

In Zeiten des Krieges und des Friedens, auf Entdeckungsreisen und Eroberungszügen, der Einfluss des Pferdes auf die Entwicklung des Menschen war bis zur Erfindung der Dampfmaschine im Jahr 1769 unvergleichlich. Mit dem Beginn der industriellen Revolution nahm die Abhängigkeit des Menschen vom Pferd dramatisch ab.

Die Wahrnehmung eines Pferdes verstehen

Um besser zu verstehen, wie und warum ein Pferd auf verschiedene Dinge und Situationen reagiert, ist es hilfreich zu wissen, was es aus seiner Perspektive hört, sieht und empfindet.

Die Augen

Häufig ist bei Pferden von besonders schönen oder ausdrucksvollen Augen die Rede. Sie haben von allen Landsäugetieren die größten Augen, und diese geben Auskunft darüber, was ein Pferd gerade empfindet – beispielsweise ob es ruhig und vertrauensvoll ist oder unsicher und ängstlich. Wie bei den meisten Tieren, die von natürlichen Feinden gejagt werden, liegen die Augen beim Pferd seitlich am Kopf, sodass es ein sehr großes Gesichtsfeld hat. Es gibt nur zwei Bereiche, die für das Pferd nicht einsehbar sind: Der eine liegt genau hinter dem Pferd, der andere befindet sich zwei Meter vor ihm, beziehungsweise unterhalb seines Mauls. Dort sieht es die Dinge höchstens verschwommen. Wenn Sie auf ein Pferd zugehen, gibt es einen Punkt, an dem es Sie nicht scharf sehen kann. Daher wird es seinen Kopf zur Seite oder nach oben bewegen, bis es Sie wieder gut erkennen kann. Nähern Sie sich dem Pferd daher stets von der Seite, vor allem, wenn Sie es von der Weide holen möchten, damit es Sie stets gut sehen kann. Seien Sie besonders achtsam, wenn Sie hinter dem Pferd stehen. Ein junges oder nervöses Tier könnte ausschlagen, wenn es nicht weiß, wer oder was sich hinter ihm befindet. Mit hoch erhobenem Kopf können Pferde den Boden vor sich nicht sehen. In unebenem Gelände neigen sie den Kopf daher manchmal weit nach unten. Ein unbekanntes Objekt auf dem Boden oder in einer Hecke kann dazu führen, dass das Pferd plötzlich seitlich ausbricht. Sie sollten sich dieser Reaktion bewusst sein und dem Pferd stets die Möglichkeit geben, sich den Gegenstand in Ruhe anzusehen. Wenn Sie es dagegen rigoros vorwärts treiben oder das Gleichgewicht verlieren und dem Pferd stark in die Zügel fallen, kann dies dazu führen, dass es in der Zukunft leicht scheut.

Früher dachte man, Pferde seien farbenblind. Heute geht man davon aus, dass sie Gelb-, Grün- und Blautöne besser erkennen können als Rot-, Violett- und Grautöne. Pferde verfügen außerdem über eine sehr gute Weitsicht.

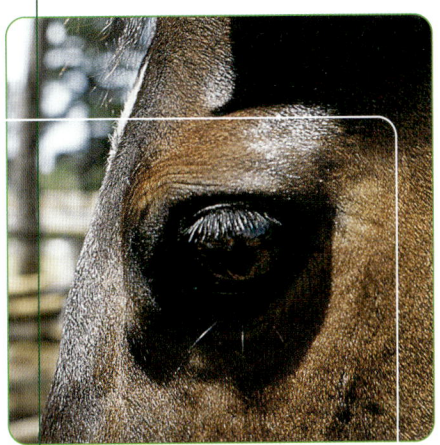

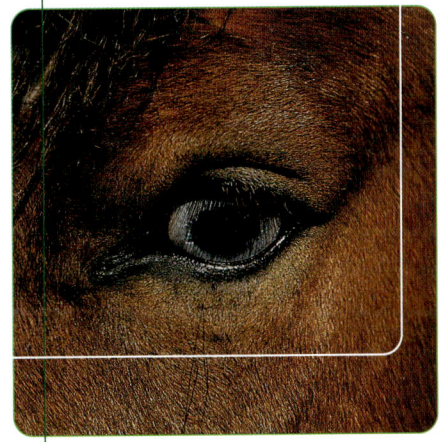

⊙ Die Augen sind in der Regel braun. Ein Fischauge (auch Glasauge genannt) ist aufgrund von fehlenden Pigmenten weiß oder blauweiß, aber es beeinträchtigt die Sicht des Pferdes nicht.

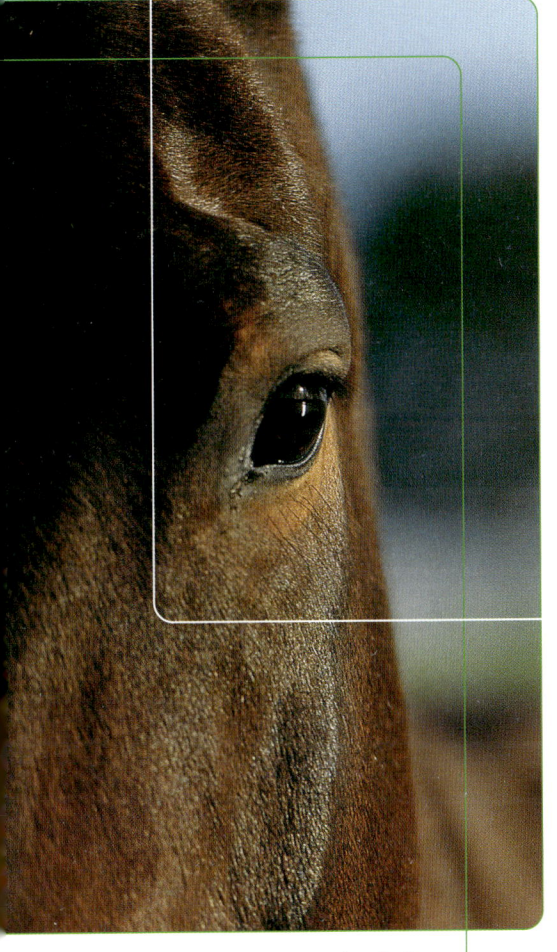

⊙ Die Augen des Pferdes liegen seitlich am Kopf und bieten somit ein großes Gesichtsfeld.

Berührungen

Pferde sind sehr berührungsempfindlich. Sie können sogar eine Fliege auf ihrem Rücken spüren. Ein Pferd, das nicht vorwärts gehen will, obwohl der Reiter Druck mit seinen Beinen ausübt, ist in den meisten Fällen durch einen häufigen falschen oder zu starken Einsatz des Schenkeldrucks unempfindlich geworden. Beim Reiten und beim allgemeinen Umgang mit dem Pferd sollte man es stets sanft, aber bestimmt berühren. Das tägliche Putzritual kann dazu beitragen, dass das Pferd Berührungen als etwas Angenehmes und Positives erlebt. Wenn Pferde zusammen auf der Koppel sind, nutzen sie die gegenseitige Fellpflege, um Bindungen und Freundschaften in der Herde zu knüpfen.

○ Die gegenseitige Fellpflege ist ein angenehmer Zeitvertreib.

Hören

Die Ohren eines Pferdes sind besonders ausdrucksstark. Sie sorgen nicht nur für ein sehr gutes Hörvermögen, sondern sind auch sehr beweglich. Ständig drehen sie sich in die Richtung, aus der ein Geräusch kommt, das die Aufmerksamkeit des Pferdes erregt. Ein Dressurpferd, das sich auf die Arbeit konzentriert, richtet die Ohren leicht nach hinten, zum Reiter hin, und signalisiert damit, dass es sehr aufmerksam ist.

Nimmt ein Pferd ein entferntes Geräusch vor sich wahr, stellt es die Ohren nach vorne. Ist das Pferd aggressiv und wütend, legt es die Ohren an.

○ Die Stellung der Ohren kann eine Reihe von Emotionen signalisieren.

Geruchssinn

Der Geruchssinn eines Pferdes spielt eine wichtige Rolle in seinem Sozialverhalten. Stuten erkennen ihre Fohlen am Geruch und ein Hengst kann aufgrund von Duftstoffen wahrnehmen, wann eine Stute rossig ist. Wildpferde können mithilfe ihres Geruchssinns Wasser orten und Bergponys setzen ihn instinktiv ein, um Gefahren zu meiden.

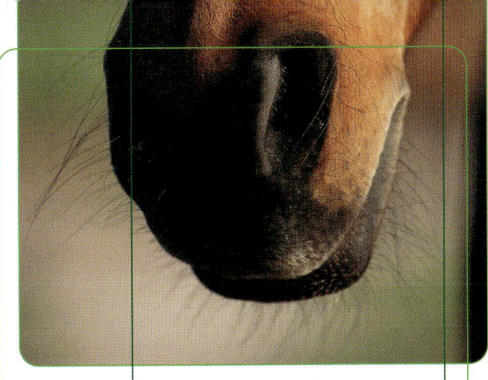

○ Pferde haben einen gut entwickelten Geruchs- und Geschmackssinn.

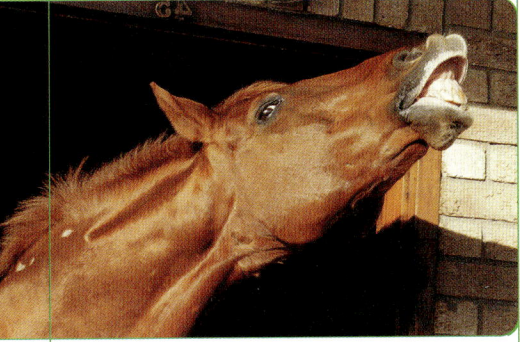

○ Wenn ein Pferd versucht, ungewöhnliche Düfte einzuordnen, nennt man das Flehmen.

Geschmackssinn

Pferde mögen gerne süßes Futter. Ihr Geruchs- und Geschmackssinn schützt sie vor giftigen Pflanzen, die in der Regel bitter schmecken. Rasch spucken sie aus, was sie im Maul haben, wenn etwas in ihrem Futter enthalten ist, das sie nicht mögen. Bei Belohnungen kommen sie ebenfalls rasch auf den Geschmack und suchen gerne in Taschen nach Karotten oder Zuckerstückchen.

Lautäußerungen

Pferde können sich auf unterschiedliche Weise über Laute ausdrücken. Stuten wiehern ihrem Fohlen leise zu, ein Hengst stößt dagegen gellende Schreie aus, wenn er sein Revier verteidigt. Reiter werden häufig mit einem freudigen Wiehern begrüßt, wenn sie in den Stall kommen. Beim Reiten drücken Pferde durch Schnauben oder Prusten aus, dass sie konzentriert sind und auf die Hilfen des Reiters reagieren.

○ Das Wiehern ist eine Form der Kommunikation mit Artgenossen.

Identifizierungsmerkmale und Abzeichen

Es gibt ein allgemeingültiges System zur Beschreibung der Farbe von Pferden, bei dem eine einheitliche Terminologie verwendet wird. Diese kann Neulinge auch verwirren (beispielsweise, wenn ein braunes Pferd in bestimmten Fällen als „Fuchs", in anderen als „Brauner" bezeichnet wird). In den Abstammungspapieren und dem Impfpass sind die Farbe sowie die Abzeichen des jeweiligen Pferdes detailliert beschrieben. Beim Kauf eines Pferdes sollte man sich diese Papiere unbedingt aushändigen lassen, da man das Tier nur so eindeutig identifizieren kann. Sie geben Auskunft über den Namen des Pferdes, seine Eltern, über Geschlecht, Rasse oder Typ, Alter, Größe und Farbe sowie über Abzeichen oder Merkmale wie Narben oder Brandzeichen.

○ *Pferde haben viele unterschiedliche Farben. Auf dem Bild von links nach rechts: Rappe, Roan, Fuchs, Dunkelbrauner, Schimmel und Kastanienbrauner.*

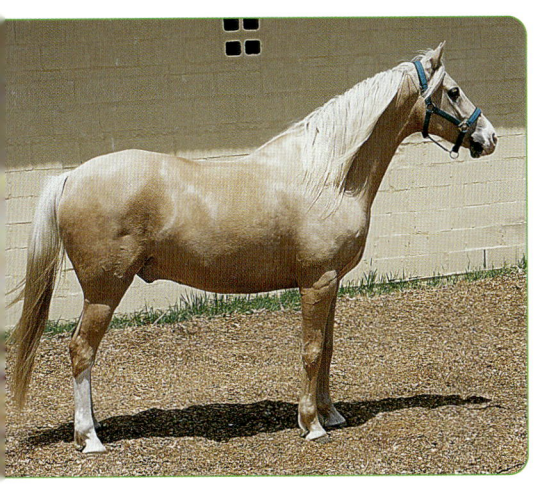

○ Palomino, goldisabellfarben mit
flachsfarbener Mähne und Schweif

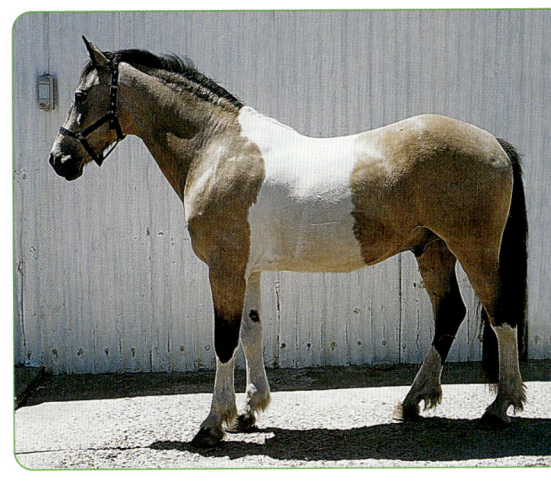

○ Schecke mit graubraunen, weißen
und braunen Flecken

○ Appaloosa mit
getigerter Fellzeichnung

○ Appaloosa mit
Marmorscheck

Die Farbeinteilung

Die Fellfarbe der Pferde wird durch das Pigment Melanin bewirkt und ist im Erbgut festgelegt. Nicht alle Pferde haben ein einfarbiges Fell. Es gibt folgende Farben:

① Rappen

Fell, Mähne und Schweif müssen schwarz sein. Es sind keine andersfarbigen Haare erlaubt, bis auf weiße Abzeichen.

② Dunkelbrauner

Das Fell besteht aus einer Mischung aus schwarzen und braunen Haaren, sodass ein dunkelbrauner Farbton entsteht. Die Mähne, der Schweif sowie der untere Teil der Beine besteht vorwiegend aus schwarzen Haaren.

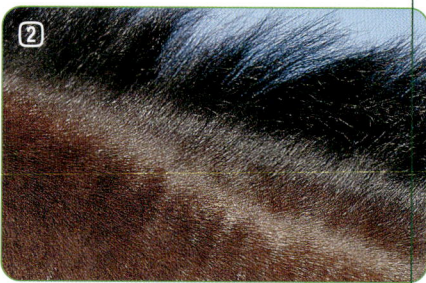

③ Kastanienbrauner

Das Deckhaar ist rotbraun. Die Mähne, der Schweif und der untere Teil der Beine sind schwarz. Bei sehr hellen Braunen spricht man von Hellbraunen, bei sehr dunklen auch von Schwarzbraunen.

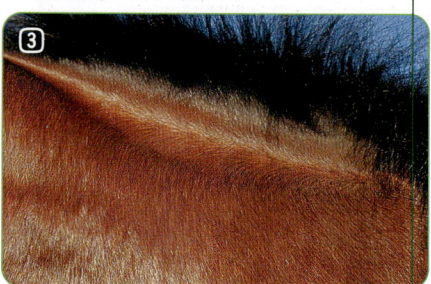

④ Fuchs

Das Farbspektrum reicht von einem hellen Gelbbraun bis zu einem dunklen Rotbraun. Mähne und Schweif haben die gleiche Farbe wie das Fell oder sind einen Farbton dunkler, enthalten aber keine schwarzen Haare. Der Palomino ist ein Fuchs mit goldener Fellfärbung und flachsfarbener Mähne und Schweif, die möglichst weiß gewünscht werden.

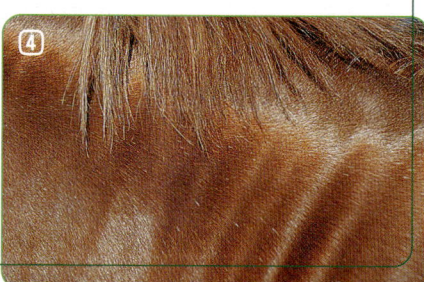

⑤ Roan

Pferde dieser Färbung können jede Grundfarbe haben. Diese ist mit mehr oder weniger weißen Haaren im Fell durchsetzt („Stichelhaarigkeit").

⑥ Falbe

Falben sind eine Variante der Braunen. Sie haben einen sogenannten Aalstrich auf dem Rücken sowie eine Fellfärbung, die von gelblich bis mausgrau reicht. Mähne, Schweif und Beine sind schwarz bis dunkelbraun.

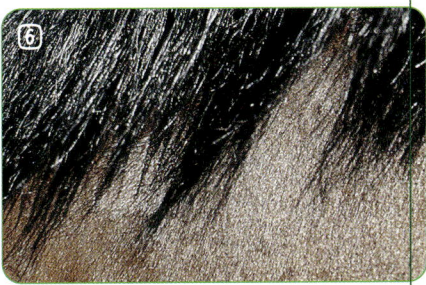

⑦ Schimmel

Eigentlich gilt die Bezeichnung nicht als Farbkategorie, da der Schimmel mit einer dunklen Färbung geboren wird, die sich dann aufhellt.

⑧ Weißisabell oder Albino

Diese Pferde haben weißes oder cremefarbenes Haar auf rosafarbener oder unpigmentierter Haut und häufig rosafarbene oder blaue Augen (in diesem Fall werden sie auch als Cremellos bezeichnet).

⑨ Schecken

Sie haben ein gemischtfarbiges Fell, bei dem die Farbe Weiß mit anderen Farben kombiniert ist. So gibt es zum Beispiel das sogenannte Piebald, das große schwarzweiße Flecken hat, sowie buntweiße Schecken (im anglo-amerikanischen Sprachraum werden sie als „Skewbald" bezeichnet). Auch die Appaloosas gehören zu den Schecken. Ihr Fell ist mit Flecken oder Sprenkeln jeder Größe und Farbe gezeichnet. Ihre Farbmuster werden beispielsweise als Schabrackenscheck, Marmorscheck, Tigerscheck oder Schneeflockenscheck bezeichnet.

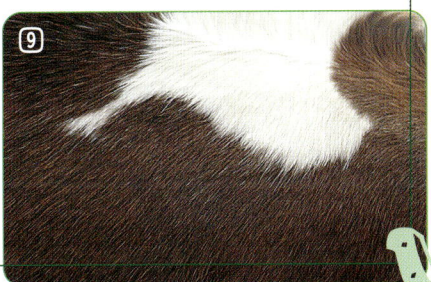

Abzeichen

Die Kopf- und Fußabzeichen von Pferden werden detailliert beschrieben. Sie sind auch in den Papieren aufgeführt und werden international einheitlich verwendet. So kann eine Blesse beispielsweise als „durchgehende, streifenförmige Blesse" beschrieben werden. Weiße Flecken an anderen Körperteilen gelten nicht als Abzeichen. Sie stammen meist von verheilten Verletzungen, da der Haut hier oftmals der Farbstoff fehlt. Weitere Abzeichen sind der Aalstrich, ein dunkler Strich, der auf dem Rücken entlangläuft, sowie der Fellwirbel, ein häufig kreisförmiger Fleck, an dem die Haare gegen den üblichen Strich des Fells stehen.

Blesse

Strich

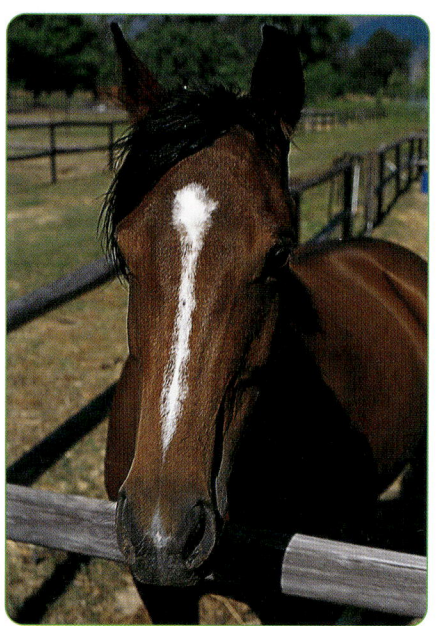

Stern

Schnippe

Weiße Fessel und Halbweiße Fessel

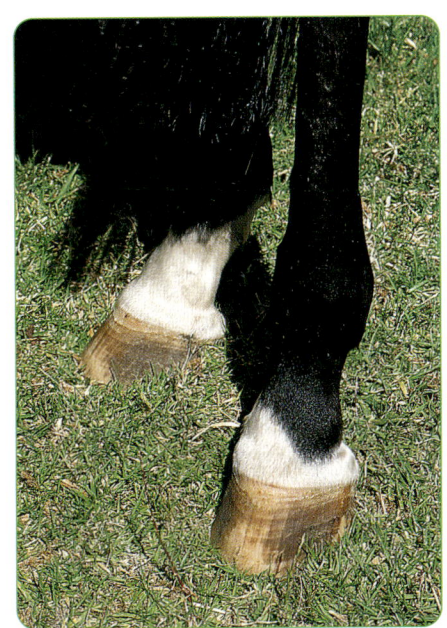

Weißer Fuß

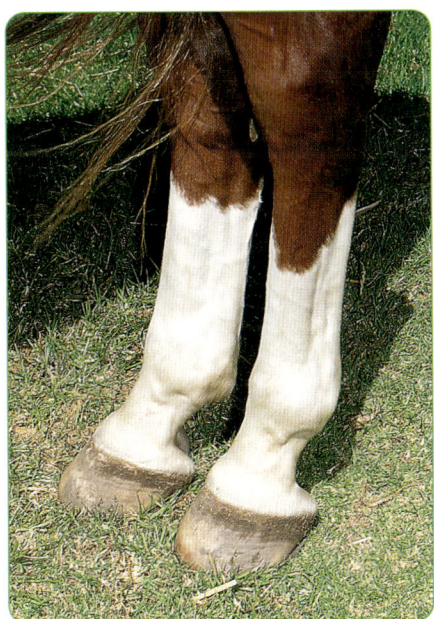

Hochweißer Fuß

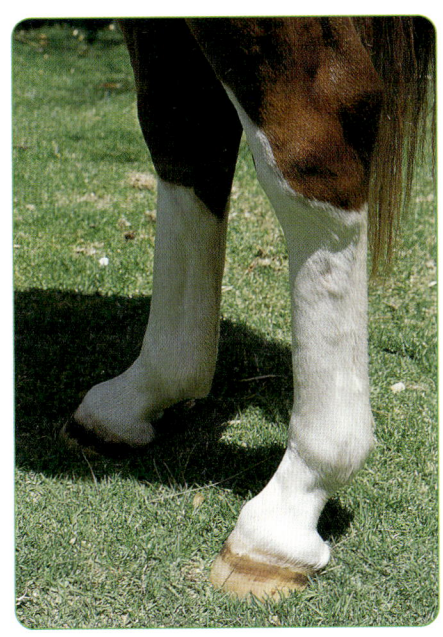

21

Brandzeichen

Diese klar definierten Symbole geben Auskunft über das Zuchtgebiet oder das Herkunftsland der Pferde, bei denen ein solches Identifizierungssystem benutzt wird. In Deutschland werden Pferde beispielsweise auf der linken Hinterhand gebrannt, um das Zuchtgebiet anzuzeigen, aus dem sie stammen (so etwa beim Hannoveraner oder dem Westfalen). Stuten, die in einem Stutbuch registriert sind, werden an der linken Halsseite mit einem Eintragungsbrand versehen. Dänemark, Schweden, Holland und andere Länder haben ihre eigenen Kennzeichnungssysteme.

Obwohl Englische Vollblüter keine Brandzeichen bekommen, erhalten sie häufig eine Tätowierungsnummer auf der Innenseite der Oberlippe, und diejenigen, die bei Weatherbys, dem internationalen Zuchtverband, registriert sind, haben von der Geburt an entsprechende Papiere.

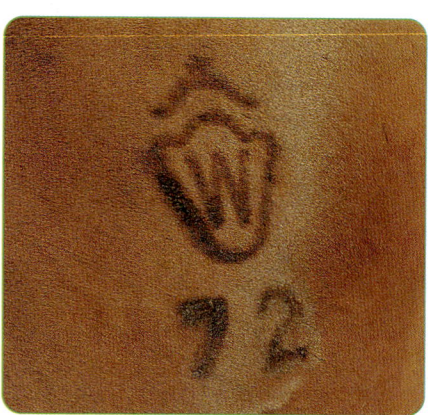

○ Das Brandzeichen eines Westfalen.

○ Das konkave Gesicht des Arabers ist ein charakteristisches Merkmal dieser Rasse.

Das Gebäude

Mit dem Begriff Gebäude wird der Körperbau eines Pferdes bezeichnet. Kein Pferd ist perfekt gebaut, sodass man das Gebäude innerhalb eines größeren Zusammenhangs bewerten sollte, je nachdem, zu welchem Zweck man das Pferd einsetzen möchte. Bestimmte Gebäudemängel machen ein Pferd möglicherweise ungeeignet für eine spezielle Disziplin, beeinträchtigen jedoch nicht seine Qualität als Reitpferd. Als Grundregel gilt, dass alle Körperpartien wohlproportioniert sein sollten.

Der Kopf

Der Kopf sollte schöne Proportionen haben und zum jeweiligen Pferdetyp passen. So sollte ein Araber einen leicht konkaven Kopf haben, die Nase eines Cob-Typs wird dagegen gerundeter sein.

Der Ober- und Unterkiefer

Ober- und Unterkiefer sollten vorne genau übereinanderliegen, da es sonst zu Problemen beim Fressen kommen kann.

Die Augen

Wirken die Augen freundlich, wach und interessiert und fügen sie sich harmonisch an den Seiten des Kopfes ein, gilt dies als Zeichen für ein ebensolches Temperament.

Der Hals

Der Hals sollte sich schön an den Widerrist anfügen, nicht zu lang und dünn, aber auch nicht zu kurz und dick sein. Am Ansatz sollte er gut ausgeprägte Muskeln haben. An der Unterseite dürfen die Muskeln dagegen nicht zu stark sein, da dies ein Anzeichen dafür sein kann, dass das Pferd zu einem Hohlkreuz neigt oder schlecht eingeritten wurde. Hengste haben in der Regel einen dickeren und muskulöseren Hals als Stuten und Wallache. Ist der Hals zu kurz, kann das Pferd Schwierigkeiten haben, mit schön gebogenem Hals am Zügel zu gehen oder weiche Wendungen auszuführen.

Der Rumpf

Der Widerrist sollte mit der Kruppe auf der gleichen Höhe sein oder etwas höher liegen. Er sollte schön geformt sein und zusammen mit einer leicht abgeschrägten Schulter gut Platz für den Sattel bieten. Ist die Schulter zu kurz und steil, kann der Galopp kurz und holprig ausfallen.

Die Brust

Sie sollte tief und breit sein, sodass sie viel Raum für die inneren Organe bietet.

Rücken und Lenden

Wenn man das Pferd von der Seite betrachtet, sollten Rücken und Beine ein Rechteck bilden. Stuten haben in der Regel einen längeren Rücken als Hengste und Wallache. Ein Senkrücken sowie ein aufgewölbter Karpfenrücken gelten als Mängel. Die Lenden sollten muskulös und stark sein. Sind sie eingefallen, ist das in der Regel ein Zeichen für Unterernährung oder einen schlechten Gesundheitszustand.

Die Körperteile des Pferdes

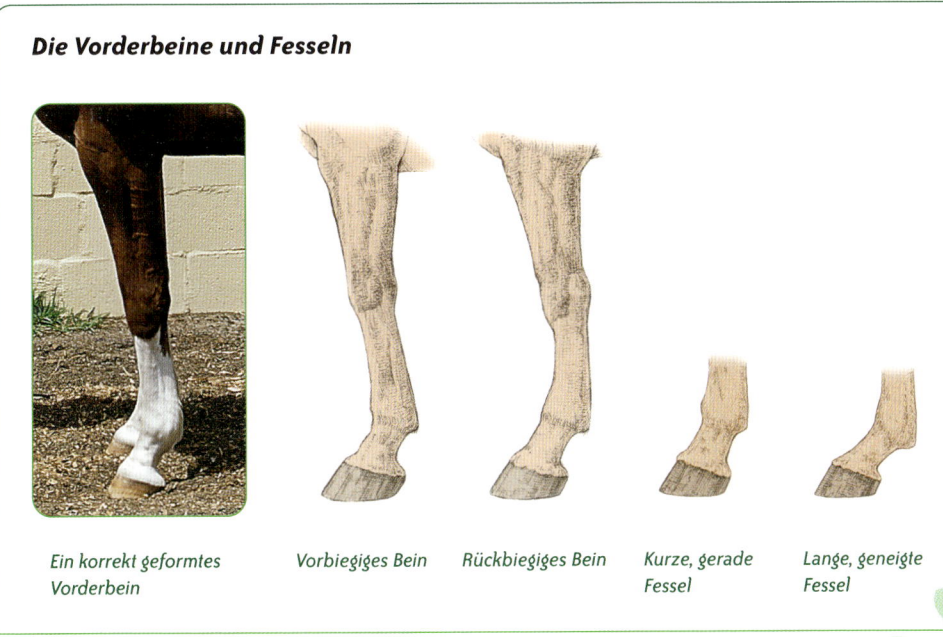

Genick
Stirn
Mähnenkamm
Auge
Widerrist
Rücken
Lende
Kruppe
Schweifrübe
Wange
Nüstern
Hüftgelenk
Maul
Kehle
Kinn-
ketten-
grube
Kehlgang
Schulter
Brust
Ellbogen
Rippen
Schlauch
Unterarm
Unter-
brust
Knie
Kniesehne
Flanke
Knie
Röhrbein
Sehnen
Sprung-
gelenk
Hinterbeinmus-
kel über dem
Sprunggelenk
Fesselgelenk
Köte
Fessel
Krone
Hufwand
Fuss
Ferse

Die Vorderbeine und Fesseln

Ein korrekt geformtes
Vorderbein

Vorbiegiges Bein

Rückbiegiges Bein

Kurze, gerade
Fessel

Lange, geneigte
Fessel

Die Kruppe

Die Kruppe sollte leicht zur Schweifrübe hin abfallen sowie stark und muskulös sein. In Ruhestellung sollte der Schweif auf natürliche Weise von der Kruppe herabhängen, aber in der Bewegung sollte er stolz und leicht erhöht vom Pferd getragen werden. Ein eingezogener Schweif ist häufig ein Zeichen von Ängstlichkeit. Ist der Schweif auf eine Seite verlagert, kann dies auf Rückenprobleme hinweisen.

Die Hinterhand

Die Hinterhand ist der „Motor" des Pferdes. Wenn sie eingesetzt wird, bewegt das Pferd sich vorwärts. Der gesamte obere Bereich der Hinterhand sollte gut ausgeprägt und muskulös sein, der Oberschenkel ist idealerweise lang und breit.

Das Sprunggelenk

Das Sprunggelenk ist starken Belastungen ausgesetzt. Es sollte kräftig und gerade nach hinten gerichtet sein. Als Mangel kann gelten, wenn die Sprunggelenke nach innen (kuhhessige Stellung) oder nach außen gewölbt sind (fassbeinige Stellung). Von der Seite betrachtet, sollten die Hinterbeine am Sprunggelenk einen leichten Winkel bilden. Sind die Hinterbeine zu gerade, hat das Pferd in der Regel Probleme, sie weit genug nach vorne zu setzen.

Die Vorderbeine

Die Vorderbeine sollten, von vorne betrachtet, parallel sein. Von der Seite sollten sie in einer geraden Linie zum Boden führen.

Ein idealer Ellbogen ist groß, wohlgeformt und befindet sich nicht zu eng an der Brust, sodass das Pferd sich ungehindert frei bewegen kann.

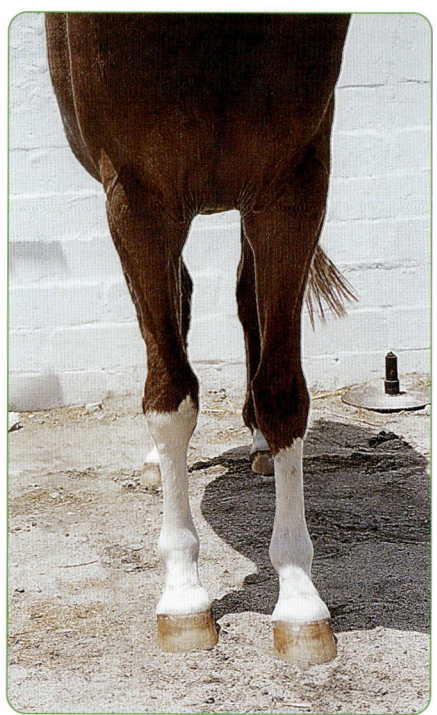

○ *Breite, flache Knie*

Die Knie

Die Knie sollten, von vorne betrachtet, breit und groß sein. Ein kleines, schmales Knie ist ein Zeichen von Schwäche. Befinden sich die Knie in einer natürlichen Position, leicht vor dem restlichen unteren Vorderbein, wird dies als „Vorständigkeit" bezeichnet. Die Kniegelenke sind hierbei etwas elastischer als bei Pferden mit sehr geraden Beinen. Im umgekehrten Fall, den man als „Rückständigkeit" bezeichnet, werden die Sehnen stärker belastet.

Das Fesselgelenk

Das Fesselgelenk sollte stark, aber nicht zu dick sein. Die Fessel zwischen Fesselgelenk und Huf bildet idealerweise eine leicht geneigte Linie. Ist sie zu gerade, kann das zu einem härteren Gang führen. Sehr lange Fesseln belasten die Sehnen.

Der Huf

Der Huf sollte aus gesundem, starkem Horn bestehen und nicht brüchig oder eingerissen sein. Der weiche Strahl an der Hufunterseite sowie die Sohle sollten ebenfalls gesund sein.

So dürfen sich auf der Sohle keine Druckstellen befinden und die Hufe dürfen nicht zu kurz und nicht zu lang sein, da beides zu Huferkrankungen führen kann.

Die Füße

Insgesamt ist es wichtig, dass die Füße zum Pferdetyp und zu der Arbeit passen, die das Tier verrichten soll. Schwere Pferde haben viel größere Füße als leichte Reitpferde. Von vorne betrachtet, sollten die Füße gerade aussehen und nicht zeheneng oder zehenweit stehen. Zu kleine oder steil stehende Füße sind ebenso wie zu schräg stehende Füße anfälliger für Probleme.

Die Hinterhand

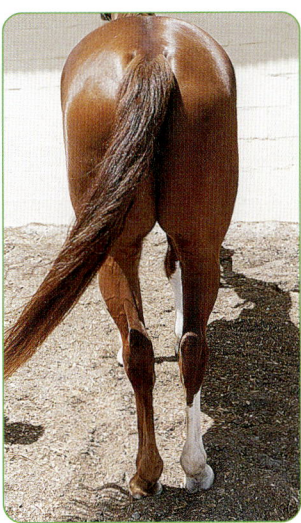

Gut geformte Hinterhand

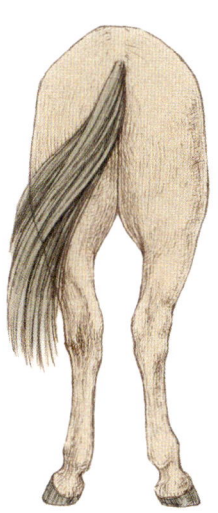

Kuhhessige Stellung der Sprunggelenke

Fassbeinige Stellung der Sprunggelenke

Seitliche Ansicht der Hinterhand

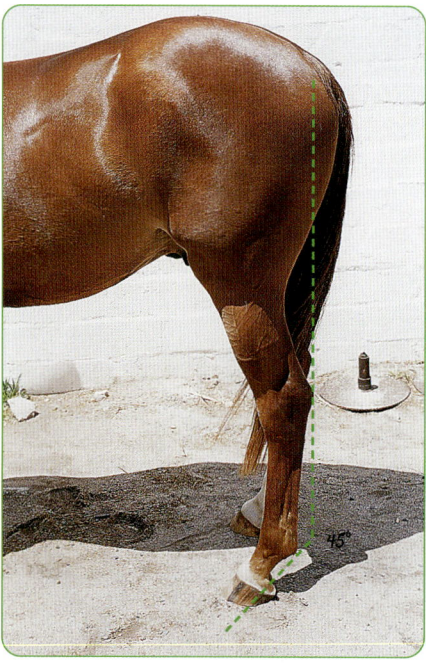

○ Eine wohlgeformte Hinterhand

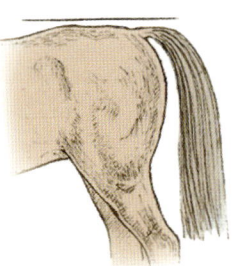

Die Kruppe ist zu gerade und der Schweif zu hoch.

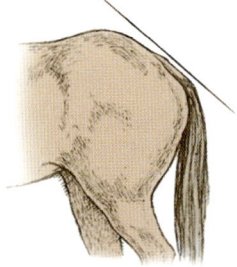

Die Hinterhand fällt zu stark ab.

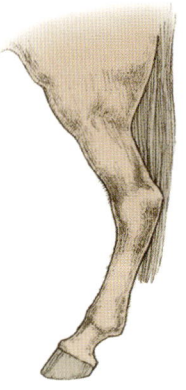

Das Hinterbein ist zu stark gebogen.

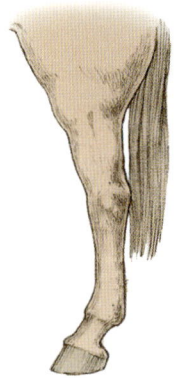

Das Hinterbein ist zu gerade.

Das Pferd in Bewegung

Nachdem man das Gebäude des Pferdes im Stand begutachtet hat, sollte man sowohl beobachten, wie das Tier sich frei als auch wie es sich unter einem Reiter bewegt.

Bei einem Reitpferd sind saubere Gänge (die natürliche Art, sich vorwärts zu bewegen) besonders wichtig. Ein Pferd, das bei Springturnieren eingesetzt wird, sollte zuverlässig im versammelten Galopp gehen, während ein Vielseitigkeitspferd viel Ausdauer im Arbeitsgalopp haben sollte. Wenn ein Pferd saubere natürliche Gänge hat, kann man es in der Regel für spezielle Anforderungen trainieren.

Grundsätzlich sollte ein Pferd sich in jeder Gangart energievoll, rhythmisch und gleichmäßig bewegen. Zudem sind weiche Übergänge zwischen den Gangarten wünschenswert. Ein gut ausgebildetes Pferd reagiert sofort auf die Hilfen des Reiters und wird augenblicklich langsamer oder schneller.

◐ Der Trab besteht aus einem rhythmischen Bewegungsablauf aus zwei Takten. Bei jedem Schritt wird jeweils ein diagonales Beinpaar nach vorne bewegt (zum Beispiel rechtes Vorderbein und linkes Hinterbein), wie auf dem Foto zu sehen ist.

Pferde können sehr unterschiedliche Farben haben. Allerdings haben manche Züchtungen charakteristische Farben.

Pferderassen und -typen

Es gibt zahlreiche Pferderassen und -typen auf der ganzen Welt. Die Eigenschaften der Rassen haben sich im Laufe von vielen Generationen abhängig vom Klima und anderen Faktoren im jeweiligen Ursprungsland sowie durch die gezielte selektive Züchtung des Menschen entwickelt. So kreuzte man verschiedene Rassen miteinander und führte neue Blutlinien ein, um bestimmte Merkmale und Eigenschaften zu verbessern. Im Unterschied zur „Rasse" spricht man bei Pferden von „Typen", wenn sie für einen bestimmten Verwendungszweck gezüchtet werden. Hier können also unterschiedliche Rassen miteinander gekreuzt werden, die genetisch nicht miteinander verwandt sind, wie etwa beim Hunter.

Obwohl es keine Garantie dafür gibt, zeichnen sich die unterschiedlichen Rassen durch charakteristische Fähigkeiten und Eigenschaften aus. Man sollte sich daher vor dem Kauf eines Pferdes über die wesentlichen Merkmale informieren. In den meisten Ländern gibt es offizielle Zuchtverbände, bei denen reinrassige Pferde und Ponys registriert sind. In der Regel sind registrierte Pferde und Ponys teurer als nicht registrierte. Wenn ein Pferd aus einer guten Zucht stammt, kann es häufig einen besonders hohen Preis erzielen. Pferde ohne Zuchtpapiere, die bei Wettkämpfen gut abschneiden, werden ebenfalls oft sehr teuer gehandelt.

Wenn Sie zum ersten Mal ein Pony für Ihr Kind kaufen möchten, sollten Sie daran denken, dass viele Kinder keine reinrassigen Ponys reiten und mit ihnen sehr glücklich und häufig auch sehr erfolgreich sind.

○ Araber sind auf der ganzen Welt für ihre Reinrassigkeit, ihr elegantes Exterieur sowie ihre außergewöhnliche Eleganz bekannt.

American Saddle Horse

Diese Rasse wurde im 19. Jahrhundert als angenehmes Reitpferd für die Plantagenbesitzer in den Südstaaten der USA entwickelt. Man kann diesen Pferden neben den üblichen drei Gangarten zwei künstliche Gänge beibringen – den mit einer hohen Knieaktion ausgeführten „Slow Gait", der einem langsamen Tölt entspricht, sowie den „Rack", einen extrem schnellen Tölt.

Das Saddle Horse entstand aus Narragansett Pacern und Canadian Pacern, die mit Vollblütern, Arabern und Morgans verkreuzt wurden. Es ist freundlich, intelligent und lebhaft und hat nicht zuletzt aufgrund seiner hohen Gänge eine außergewöhnliche Ausstrahlung.

Andalusier

Der Ursprung dieses spanischen Pferdes ist nicht eindeutig geklärt, aber sicher ist, dass es einen großen Einfluss auf andere europäische und amerikanische Rassen hatte. Es ist nicht nur bekannt durch seinen Einsatz beim spanischen Stierkampf, sondern aufgrund seines großen natürlichen Bewegungsrepertoires auch ein beliebtes Dressurpferd.

Der Andalusier verfügt über eine große Ausstrahlung. Er hat eine dichte Mähne und einen langen Schweif sowie eine muskulöse Brust und einen stolzen, hoch aufgesetzten Hals. Er hat ein hervorragendes Temperament und ist sehr gelehrig. Am häufigsten sind bei dieser Rasse Schimmel, Rappen und Braune vertreten.

Anglo-Araber

Ein beliebtes Reitpferd, in dem die besten Eigenschaften des Arabers und des Englischen Vollbluts kombiniert sind. Seine Größe und seine Bewegungen hat es dabei vorwiegend vom Englischen Vollblut, während die Gene des Arabers für Intelligenz, Ausdauer und ein gutes Temperament sorgen.

Ursprünglich stammt der Anglo-Araber aus England. Mittlerweile wird er in vielen Ländern gezüchtet, wobei es unterschiedliche Anforderungen bei den Zuchtkriterien gibt. So muss zum Beispiel in Frankreich bei dieser Rasse ein Mindestanteil von 25 Prozent Araberblut im offiziellen Zuchtbuch eingetragen sein.

Appaloosa

Im 18. Jahrhundert züchteten die Nez-Percé-Indianer eine Rasse, die sie nach dem Palouse Valley, einem Flusstal in den amerikanischen Bundesstaaten Idaho und Oregon, benannten. Daraus entstand der Name Appaloosa. Aus den von den Spaniern ins Land gebrachten Pferden entwickelten die Indianer eine robuste, gutmütige Rasse, bei der es heute, abgesehen von zahlreichen Variationen, die folgenden Grund-Farbmuster gibt: Schabrackenscheck (Hinterhand oder Rücken weiß mit dunklen Flecken); Marmorscheck (weiße Flecken über den ganzen Körper verteilt); Tigerscheck (ganzer Körper hell mit dunklen Flecken); Schneeflockenscheck (ganzer Körper dunkel mit weißen Sprenkeln).

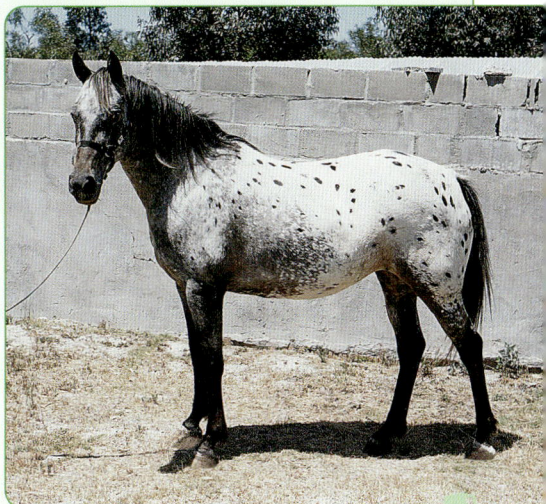

Araber

Der Araber ist wahrscheinlich die reinste Rasse und eines der ältesten und intelligentesten Pferde der Welt. Ursprünglich von den Wüstenstämmen der arabischen Halbinsel gezüchtet, hatte es einen sehr großen Einfluss auf die Entwicklung des Pferdes der modernen Welt. Reinrassige Araber haben einen kleinen, eleganten Kopf mit der typisch konkaven Form, einer breiten Stirn mit kleinen Augen und einem kurzen Maul mit weiten Nüstern. Der Rücken ist kürzer als bei anderen Rassen, da der Araber einen Wirbel weniger hat. Bis vor Kurzem waren es kleine Pferde, aber mittlerweile hat man erfolgreich auch größere Araber gezüchtet.

Camarguepferd

Diese alte sagenumwobene Rasse aus der Camargue in Südfrankreich taucht seit Jahrhunderten in alten Legenden auf und ist bereits in Höhlenmalereien dargestellt, die bis 15000 v. Chr. zurückreichen. Camarguepferde sehen mit ihrem kurzen Hals und dem derben Kopf etwas zottelig und wild aus und sind eigentlich Ponys, da sie nicht größer werden als 1,42 m. Sie sind zäh und wendig, trittsicher und sehr mutig. Heute werden sie vorwiegend zum Kühetreiben sowie im Tourismus eingesetzt. Obwohl das Camarguepferd seit Jahrhunderten das traditionelle Pferd der französischen Rinderhirten, der „Gardiens", ist, wurde es erst 1968 offiziell als Rasse anerkannt.

Cleveland Bay

Eine der ältesten britischen Rassen, die aus Yorkshire stammt und deren Ursprung bis ins Mittelalter zurückreicht. Sie ging aus dem Chapman Horse hervor, das reisenden Händlern im Mittelalter (den sogenannten Chapmen) als Packpferd diente. Die Cleveland Bays sind stets Braune. Sie sind für ihre große Ausdauer und Kraft bekannt. Seit einem Jahrhundert werden sie eingesetzt, um die Zucht bei vielen anderen europäischen Warmblütern zu verbessern, da sie als „reinrassige" Warmblüter eine besondere Stellung haben. Cleveland Bays sind beliebt als Kutschpferde und eignen sich zudem besonders für die Dressur und das Springreiten.

Connemarapony

Das Connemarapony ist die einzige Rasse, die aus Irland stammt. Man nimmt an, dass sich die Rasse ursprünglich aus Arabern, Berbern und Andalusiern zusammensetzte, die von reisenden Händlern ins Land gebracht wurden. Im 19. Jahrhundert wurden die Ponys mit importierten Arabern gekreuzt und im 20. Jahrhundert wurden Welsh-Cob-Hengste ins offizielle Zuchtprogramm aufgenommen. Connemaras vereinen die Kraft und Zähigkeit der ursprünglichen Bergponys sowie die Schnelligkeit, Wendigkeit und Schönheit der Araber in sich. Sie erreichen die maximale Ponygröße von 1,47 m und eignen sich als Reitpferde sowohl für Erwachsene als auch für Kinder.

Dartmoorpony

Das Dartmoorpony stammt aus dem gleichnamigen Moor in Südengland. Im späten 18. Jahrhundert wurden während der industriellen Revolution Shetlandponys im Moor freigelassen. Auf diese Weise wollte man eine Kreuzung schaffen, die sich gut als Grubenpferd eignete. Doch die Folge war, dass das Dartmoorpony fast völlig verschwand.

1920 wurden Welsh Mountain Ponys eingeführt, um die Rasse zu retten, und selektive Zuchtprogramme wurden gestartet. Als das Moor im Zweiten Weltkrieg als Übungsareal genutzt wurde, war die Rasse abermals vom Aussterben bedroht. Heute sind die kleinen, zähen und gutmütigen Ponys als Reit- und Springpferde für Kinder sehr beliebt.

Exmoorpony

Man nimmt an, dass das Exmoorpony von einem kleinen Wildpferd abstammt, das 1,22 bis 1,27 m groß und unempfindlich gegen nasses Wetter war. Es kommt aus dem gleichnamigen Moor in Somerset in England und hat sich seit Jahrhunderten nicht verändert. Das Exmoorpony hat einzigartige „Krötenaugen" mit schweren Lidern und ein besonders dichtes Fell. In der Bronzezeit wurde es vor den Karren gespannt, später setzte man es bei der Jagd ein und heute ist es ein beliebtes Reitpferd für Kinder. Es gibt ausschließlich Braune und Dunkelfalben dieser Rasse mit einer mehlfarbigen Färbung um die Augen herum sowie an Maul und Flanken. Männliche Exmoorponys können bis zu 1,32 m groß werden.

Friese

Der Friese stammt aus dem niederländischen Friesland. Die prachtvollen Rappen haben eine lange wallende Mähne, einen üppigen Kötenbehang an den Beinen und Gänge mit einer hohen Aktion. Die Friesen kamen durch die Römer nach Großbritannien und trugen dort maßgeblich zur Entstehung der Dales- und Fellponys bei. Im 19. Jahrhundert wurden sie sehr erfolgreich beim Trabrennen eingesetzt. Ihre große Beliebtheit in diesem Sport führte aufgrund starker Verkreuzungen zu einer Gefährdung der Rasse. So gab es 1913 nur noch drei friesische Hengste in Friesland. Heute sind Friesen als Schaupferde und in der Dressur sehr begehrt.

Haflinger

Der Ursprung der Haflinger ist nicht ganz geklärt. Sicher ist lediglich, dass alle Erblinien auf den Hengst El Bedavi XXII, einen Nachfahren des Arabers El Bedavi, zurückgehen, der im 19. Jahrhundert nach Österreich importiert wurde. Haflinger haben einen gedrungenen Körperbau und einen hübschen Kopf. Es handelt sich stets um Füchse mit flachsfarbener Mähne und Schweif.

Obwohl diese Rasse höchstens 1,40 m groß wird, setzt man sie aufgrund ihrer Trittsicherheit, Kraft und Gutmütigkeit gerne in den Bergen ein, beispielsweise bei der Waldarbeit. Auch in der Landwirtschaft, vor der Kutsche sowie als beliebtes Reitpferd kommen Haflinger häufig zum Einsatz.

Hannoveraner

Im Jahr 1736 standen die ersten zwölf Han-
noveraner-Hengste im Landgestüt Celle, das
ein Jahr zuvor vom englischen König George II.
gegründet worden war. Diese Hannoveraner
und ihre Nachfahren waren zähe, ausdauernde Pferde, die sich gut für die Feldarbeit
sowie als Reitpferd eigneten. Im 19. Jahrhundert wurde die Zucht mit Englischen Vollblütern veredelt, im 20. Jahrhundert wurden im
Rahmen eines gezielten Zuchtprogramms
zusätzlich Araber und Trakehner eingekreuzt.
Auf diese Weise entstand der edle Hannoveraner, der heute ein erstklassiges Reit- und Turnierpferd mit einer geschmeidigen, raumgreifenden Aktion und einem hervorragenden
Charakter ist.

Holsteiner

Man nimmt an, dass in Schleswig-Holstein
bereits im frühen Mittelalter Pferde gezüchtet
wurden. Der Einfluss dieses Zuchtgebiets
reichte bis nach Hannover und Dänemark.

Früher war Holstein für seine schnellen,
kräftigen Kutschpferde bekannt, die ein großes Gebäude sowie eine hohe Aktion hatten.
Um ein modernes Reitpferd mit einem leichteren Körper hervorzubringen, wurden diese
Pferde intensiv mit Englischen Vollblütern
gekreuzt.

Besonders der Einfluss des Hengstes Lady-
killer und seiner Söhne Lord und Landgraf
sowie des Selle-Français-Hengstes Cor de la
Bryère sorgte für viele erfolgreiche Turnierpferde, vor allem in Spring- und Dressurwett-
bewerben.

Irischer Hunter (auch: Irisches Sportpferd)

Eine trittsichere, ausdauernde und intelligente Warmblutrasse, in der Blutlinien von Vollblütern und dem Irish Draught Horse kombiniert sind. Die Hengste werden bis zu 1,73 m hoch, aber wenn man sie mit Vollblutstuten kreuzt, erhält man kleinere Pferde.

Das Irish Draught Horse stammt von den großartigen Pferden aus Frankreich und Flandern ab, die nach der anglonormannischen Invasion im 12. Jahrhundert nach Irland importiert wurden. Diese kreuzte man mit östlichen Pferden und Andalusiern, um ein gutes Reitpferd zu erhalten, das sich auch für die Feldarbeit eignete. Heute ist der Irische Hunter auf internationalen Springturnieren sehr erfolgreich vertreten.

Islandpferd

Diese Rasse stammt von einer Reihe verschiedener Pferde ab, die von Immigranten nach Island gebracht wurden, und ist bereits seit 800 Jahren reinrassig. Nach einem verheerenden Versuch, 930 n. Chr. östliche Blutlinien einzukreuzen, verbot die isländische Regierung den Import von Pferden. Heute gibt es vier verschiedene Typen von Isländern. Der bekannteste ist der Faxafloi, der dem Exmoorpony sehr ähnlich ist.

Islandpferde werden nur bis 1,37 m groß, aber sie werden nie als Ponys bezeichnet.

Charakteristisch für diese Rasse sind die fünf Gangarten. Neben den üblichen drei Gängen haben die Pferde eine natürliche Veranlagung zum Rennpass und zum Tölt.

Lipizzaner

Die Rasse ist nach dem Gestüt Lipica bei Triest benannt, das 1580 vom Habsburger Erzherzog Karl II., dem Sohn Ferdinands I. von Österreich, gegründet wurde. Das Gestüt besteht heute noch als Zuchtbetrieb, Reit- und Touristenzentrum. Man nimmt an, dass der Lipizzaner ursprünglich vom Andalusier abstammt, bevor er eine Einkreuzung mit Araberblut erfuhr. Noch heute sind die Erblinien der Stammhengste Maestro (geb. 1819), Siglavy (geb. 1819), Pluto (geb. 1765), Conversano (geb. 1767), Favory (geb. 1779) und Neopolitano (geb. 1790) in allen reinrassigen Lipizzanern zu finden. Dazu gehören auch die berühmten Pferde der Spanischen Hofreitschule in Wien.

Lusitano

Diese prächtige portugiesische Rasse stammt wahrscheinlich vom Andalusier ab und wird wie dieser mit dem Stierkampf assoziiert. Es ist eine alte Rasse, die heute in ganz Portugal gezüchtet wird, deren Name allerdings vom Lateinischen Begriff für Portugal „Lusitania" stammt. Die meisten Lusitanos sind Schimmel oder Braune. Mähne und Schweif sind lang und dicht. Obwohl die Pferde nur bis zu 1,57 m groß werden, haben sie eine enorme Ausstrahlung. Sie sind intelligent und überaus wendig, was beispielsweise beim Stierkampf sehr wichtig ist. Aufgrund ihrer Eleganz und eindrucksvollen Aktion sind sie besonders für die klassische Dressur geeignet.

New Forest Pony

Noch heute gibt es Herden frei lebender New Forest Ponys in ihrer natürlichen Umgebung, dem New Forest im südenglischen Hampshire, wo sie seit dem 11. Jahrhundert leben. Aber sie werden darüber hinaus auch gezielt gezüchtet. Die Tiere aus dem New Forest erreichen manchmal nur eine Größe von 1,22 m, während die Pferde aus Zuchtbetrieben häufig bis zu 1,47 m groß werden. Bis auf Piebalds (Schwarzweißschecken), Skewbalds (Buntschecken) und blauäugige Cremellos ist jede Fellfarbe erlaubt. Das New Forest Pony ist ein gutes Freizeit- und Wettkampfpferd. Es hat ein überaus gutmütiges Wesen und ein ausgezeichnetes Temperament.

Niederländisches Warmblut

Dieses Warmblut wurde mit dem Ziel gezüchtet, ein herausragendes Leistungspferd zu erhalten, das gleichzeitig einen edlen und angenehmen, freundlichen Charakter hat. Darüber hinaus streben die Züchter eine Größe von 1,67 m an, damit eine große Schnelligkeit und Wendigkeit gewährleistet ist. Die meisten Niederländischen Warmblüter sind Braune, sie kommen aber auch als Füchse, Rappen und Schimmel vor.

Aus ursprünglichen Arbeits- und Zugpferden, dem Groninger und dem Gelderländer, wurde durch die Kombination mit dem Englischen Vollblut sowie deutschen und französischen Blutlinien allmählich ein überaus erfolgreiches Turnierpferd entwickelt.

Oldenburger

Ursprünglich war der Oldenburger ein schweres Zugpferd, das auf die 1580 von Graf Johann von Oldenburg importierten orientalischen Hengste, Andalusier und Neapolitaner zurückging. Die Rasse bewahrte ihre ursprünglichen Merkmale und Blutlinien viel länger als andere deutsche Züchtungen. Doch nach dem Zweiten Weltkrieg führte der Bedarf an leichteren Reitpferden zur Kreuzung mit Vollblütern. Den ursprünglichen Oldenburger findet man heute noch in einigen polnischen Gestüten, doch der moderne Wettkampftyp etablierte sich innerhalb sehr kurzer Zeit immer stärker. Oldenburger werden neben ihrer Verwendung als Reitpferd immer noch gerne vor der Kutsche eingesetzt.

Quarter Horse

Das Quarter Horse entstand im 17. Jahrhundert im Bundesstaat Virginia in den USA. Es wurde vorwiegend als Arbeitspferd vor dem Wagen und zum Kühetreiben eingesetzt. Sein Name stammt von Pferderennen, die über eine Distanz von einer Viertelmeile (= a quarter mile) gingen. Die Rasse ging aus der Verkreuzung von Englischen Vollblütern und Pferden, die von den Spaniern auf den amerikanischen Kontinent gebracht worden waren, hervor.

Das beliebte Vielseitigkeitspferd ist kompakt und muskulös und ein ausgezeichneter Sprinter. Quarter Horses gehören zu den beliebtesten Pferden der Welt. Bei der American Quarter Horse Association sind mehr als drei Millionen davon registriert.

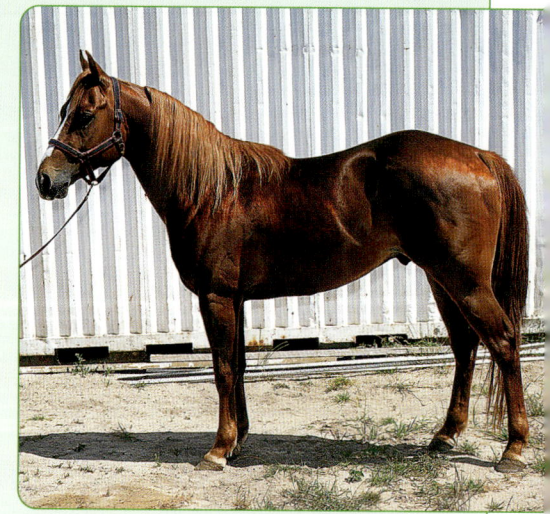

Selle Français

Das Selle Français (auch Cheval de Selle Français genannt) ist das Produkt eines Zuchtsystems, das 1958 eingeführt wurde. Man erfasste hier alle französischen Zuchtbücher in einer zentralen Stelle. Der Selle-Français-Typ entstand ursprünglich aus der Kreuzung von Vollbluthengsten mit heimischen Stuten. Anfangs wurden wahrscheinlich auch Norfolk Roadster eingekreuzt. Später kamen dann arabische und anglo-arabische Blutlinien dazu. Das Selle Français ist ein sehr erfolgreiches Wettkampfpferd, das sich besonders bei internationalen Springturnieren einen Namen gemacht hat. Leichtere Typen werden auch für Rennen gezüchtet.

Shetlandpony

Das Shetlandpony gehört zu den kleinsten Pferderassen und ist in den meisten Teilen der Welt, fern von seiner Heimat, den Shetlandinseln in Schottland, sehr beliebt.

Seine Robustheit ist legendär. Im Verhältnis zu seinem Gewicht ist es angeblich stärker als jede andere Pferderasse. Ein Shetlandpony darf den Zuchtvorschriften zufolge ab einem Alter von vier Jahren nicht größer sein als 1,07 m. Es gibt bei dieser Rasse auch eine Kategorie von Minipferden. Diese dürfen nicht größer sein als 86 cm. Shetlandponys können bis auf eine Tigerscheckfärbung alle Fellfarben haben. Sie sind generell gutmütig, aber oft auch eigensinnig und daher als Kinderpony nicht uneingeschränkt zu empfehlen.

Trakehner

Die lange Geschichte des Trakehners geht bis ins 13. Jahrhundert nach Ostpreußen zurück. Die moderne Trakehnerzucht wurde allerdings erst 1732 durch Friedrich Wilhelm I. begonnen. Am Ende des Zweiten Weltkriegs erreichten nur 1000 Zuchtpferde nach einem 1300 km langen, aufreibenden Marsch Westdeutschland. Mittlerweile sind Trakehner im drittgrößten Zuchtverband Deutschlands registriert und beeinflussen maßgeblich zahlreiche andere Rassen. Der Trakehner hat einen großen Vollblutanteil und ist nicht zuletzt daher ein sehr edles, intelligentes und kräftiges Pferd mit einem ausgeglichenen, mutigen und zugleich sanftmütigen Charakter.

Vollblut

Das Englische Vollblut ist die edelste Rasse. Sie ist überaus erfolgreich als klassisches Rennpferd sowie bei Vielseitigkeitsrennen. Aufgrund der häufigen Kreuzung mit anderen Rassen hat sie einen enormen Einfluss auf die Pferdewelt. Um als Englisches Vollblut registriert zu werden, muss ein Pferd die Aufnahmekriterien des „General Stud Book", dem seit 1793 geführten Zuchtbuch in England und Irland, erfüllen. Doch auch andere Länder wie Frankreich, Kanada oder die USA züchten mittlerweile erfolgreich Vollblüter. Vollblutpferde sind wachsam und sensibel, stark und ausdauernd. Darüber hinaus sind sie sehr schnell und erholen sich nach Anstrengungen rasch wieder.

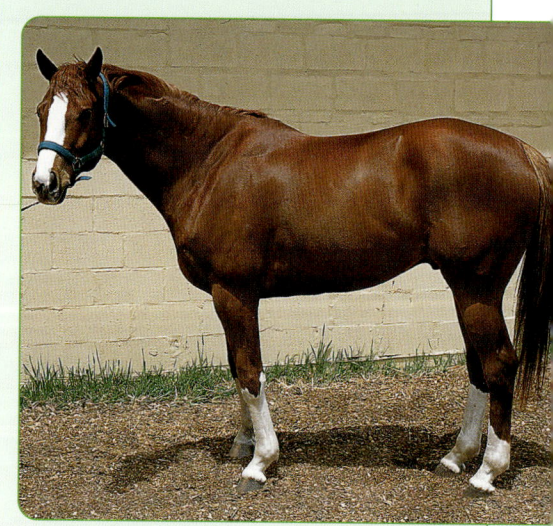

Waler

Ursprünglich züchtete man diese Rasse für die Arbeit auf den Schaffarmen in Australien. Sie stammt von den ersten Pferden ab, die aus Südafrika nach Australien importiert und später mit Vollblütern, Arabern und Anglo-Arabern gekreuzt wurden. Waler sind zwar nicht besonders schnell, aber sie verfügen über eine beachtliche Ausdauer und sind sehr wendig, sodass sie sich gut als Arbeitspferde eignen. Der Nachfahre des Walers, das Australian Stock Horse, vereinigt zusätzlich Quarter-Horse- und Percheron-Anteile in sich.

Walers sind robust und zwischen 1,52 und 1,68 m groß. Sie sind vielseitig einsetzbar und verfügen über ein großes Springvermögen.

Welsh Cob

Bereits vor Jahrhunderten wurden Welsh Cobs in Wales als Arbeits- und Zugpferde eingesetzt. Es gibt zwei Typen, die beide vom Welsh Mountain Pony abstammen und gleichzeitig typische Merkmale des Trabers sowie des Hack aufweisen, mit denen jenes gekreuzt wurde. Das Welsh Pony im Cob-Typ darf nicht größer als 1,37 m sein und wird in der Sektion C des Stutbuchs der „Welsh Pony and Cob Society" geführt. Häufig ist es eine Kreuzung aus Welsh Cob (Sektion D) und Welsh Mountain Pony (Sektion A). Es ist ein beliebtes Freizeitpferd mit einem guten Springvermögen. Welsh Cobs der Sektion D sind größer als 1,37 m. Sie sind zäh und robust.

Welsh Mountain Pony

Diese Pferde werden in Sektion A des offiziellen Stutbuchs geführt. Sie haben eine maximale Größe von 1,22 m. Als der skrupellose englische König Heinrich VIII. die Vernichtung aller Pferde unter 1,32 m anordnete, da sie zu klein waren, um einen Ritter samt seiner Rüstung zu tragen, fanden viele Zuflucht in den unzugänglichen walisischen Bergen, wo sie jahrhundertelang lebten. Seit der Gründung der Welsh Pony and Cob Society im Jahr 1902 wird die Zucht streng kontrolliert. Das Welsh Pony war ursprünglich eine Kreuzung aus Welsh Mountain Pony und Welsh Pony im Cob-Typ. In den Zwanzigerjahren wurden die Blutlinien eines Araber- und eines Berberhengstes eingekreuzt.

Westfale

1826 wurde das Landgestüt Warendorf in Westfalen gegründet, wo heute vielseitige Sportpferde gezüchtet werden, die in allen Disziplinen erfolgreich sind. Die experimentierfreudigen Züchter führen immer wieder moderne und neue Blutlinien ein, um diese Ergebnisse zu erzielen. Das Gebäude, die Gänge, eine gute Rittigkeit sowie das Springvermögen sind dabei wichtige Selektionsmerkmale für die Zucht.

Der Westfale ist ein kräftiges, mittelschweres Sportpferd mit raumgreifenden Bewegungen, das dem Hannoveraner ähnelt. Er ist mutig und temperamentvoll, hat aber gleichzeitig einen sanftmütigen Charakter und lässt sich von seinen Reitern gerne führen.

Es gibt große und kleine Reiter und diese verfügen über sehr unterschiedliche Reitkenntnisse. Daher ist es stets wichtig, ein passendes Pferd für den Reiter auszuwählen und diese Entscheidung nicht zu überstürzen.

Die Bindung zwischen Pferd und Mensch fördern

Zwischen Pferden und Menschen entwickelt sich in der Regel eine dauerhafte Beziehung, daher sollte man den Tieren als Mensch stets wohlwollend und verständnisvoll begegnen. Die Voraussetzung dafür ist, dass man ihr Wesen versteht. Man sollte wissen, wie Pferde empfinden, um ihre Reaktionen vorhersehen und verstehen zu können. Wenn man sein Pferd versteht, schafft das eine gute Vertrauensbasis auf beiden Seiten.

In einer bedrohlichen Situation reagiert ein Pferd mit seinem natürlichen Fluchtinstinkt, da es in der Natur die Rolle der Beute statt des Angreifers innehat. Daher ist es wichtig, Pferde schon von klein auf an den Umgang mit Menschen zu gewöhnen und stets auf umsichtige Weise mit ihnen zu arbeiten. Wir können nicht erwarten, dass sie gegen ihren natürlichen Instinkt handeln und gar nicht mehr ängstlich oder argwöhnisch sind, aber wenn wir gezielt mit ihnen arbeiten, können wir diesen Instinkt kontrollieren und dem Pferd auf eine positive Weise vermitteln, dass es vor bestimmten Situationen oder Gegenständen keine Angst haben muss.

○ Die Bindung zwischen Reiter und Pferd basiert auf gegenseitigem Vertrauen und Respekt. Behandeln Sie Ihr Pferd stets gut, dann wird es Ihnen ein treuer Gefährte sein.

○ *Regelmäßiges Putzen und ein sanfter körperlicher Kontakt stärken die Bindung zwischen Ihnen und Ihrem Pferd.*

Pferde sind Herdentiere, die gerne mit Artgenossen, aber auch mit Menschen und anderen Tieren zusammen sind. Selbst domestizierte Stallpferde entwickeln eine eigene Rangordnung. So wiehert der Hengst am Ende der Stallgasse möglicherweise am lautesten, wenn die Fütterungszeit gekommen ist, und manches Pferd schlägt mit den Hufen gegen die Tür seiner Box, wenn „sein" Reiter den Stall betritt, um auf diese Weise dessen Aufmerksamkeit zu fordern. Pferde reagieren am besten auf Lob und positive Aufmunterungen seitens ihrer Ausbilder oder Reiter. Auf diese Weise können sie ihren natürlichen Flucht-

instinkt am ehesten überwinden. Man reitet sie daher mit viel Geduld und Ruhe auf eine sanfte Weise ein. So entwickelt sich eine vertrauensvolle Beziehung zwischen Pferd und Reiter. Aufgrund einer solchen soliden Vertrauensbasis können behinderte Kinder im Rahmen einer Reittherapie den angstfreien Umgang mit Pferden erlernen. Und auch für Turnierreiter ist eine solche Basis die Voraussetzung für die erfolgreiche Zusammenarbeit mit ihrem Pferd.

Ein geeignetes Pferd auswählen

Je nach Rasse und ihren individuellen Eigenschaften haben Pferde sehr unterschiedliche Temperamente. Dabei gibt es kein Pferd, das von vornherein einen schlechten Charakter hat. Es gibt lediglich Pferde, die extrem auf schlechte Erfahrungen reagieren. Sie werden einzig und allein durch einen falschen Umgang des Menschen widerspenstig oder unberechenbar.

Man sollte größten Wert darauf legen, sein Pferd gut auszubilden und es vor schlechten Erfahrungen zu bewahren, damit es nicht negativ geprägt wird. Ebenso wichtig ist es, ein geeignetes Pferd auszuwählen. Ein nervöses Vollblut wird schnell das Vertrauen verlieren, wenn ein unerfahrener Reiter falsch mit ihm umgeht. Und ein gemütlicher, stämmiger Cob, der jede Woche an einem Springturnier teilnehmen muss, wird ebenso unglücklich sein wie sein frustrierter Reiter, der mit diesem Pferd keine Preise gewinnt. Daher sollte man bei der Auswahl eines Pferdes mit gesundem Menschenverstand vorgehen.

○ Ein gut ausgebildetes und erfahrenes Pferd kann jungen und unerfahrenen Reitern dabei helfen, Zutrauen zu gewinnen.

Grundsätzlich sollte ein junges Pferd von erfahrenen Reitern geritten werden, während sich für Neulinge im Reitsport ruhige, erfahrenere Pferde besser eignen. Wenngleich Pferde keine menschlichen Emotionen haben, können sie Gefühle wahrnehmen und auf negative oder positive Stimmungen reagieren. Vertrauen und Harmonie sind die Basis jeder

○ Pferd und Reiter sollten von der Größe und vom Temperament her gut zusammenpassen.

Beziehung, das gilt auch für den Umgang mit Pferden. Wenn diese Voraussetzungen erfüllt sind, wird die Beziehung zwischen Pferd und Reiter sehr lohnend sein und beiden große Freude bereiten.

51

Ein guter Stall bietet eine Reihe von Dienstleistungen bei der Betreuung Ihres Pferdes an.

Ein Zuhause für Ihr Pferd

Bevor Sie sich dazu entschließen, ein Pferd zu kaufen, sollten Sie sich gut überlegen, ob es zu Ihrem Lebensstil passt. Wie viel Zeit haben Sie und wie viel Geld steht Ihnen für dieses Hobby zur Verfügung, das nicht billig ist? Wo werden Sie das Pferd halten und wer wird es betreuen?

Wenn Sie es bei sich zu Hause unterbringen können, sollten Sie daran denken, dass Pferde Herdentiere sind und nicht den ganzen Tag alleine sein sollten.

Natürlich können Sie auch eine Box oder einen Offenstallplatz in einem Reitstall oder auf einem Pferdehof mieten. Überlegen Sie gut, welches Angebot hier am besten für Sie geeignet ist. Manche Ställe bieten einen Komplettservice an, der das Ausmisten, Füttern und Auf-die-Koppel-bringen umfasst. Außerdem wird das Pferd geputzt und bewegt, wenn der Besitzer selbst keine Zeit dazu hat.

Man kann aber auch Teile dieser Arbeiten, wie etwa das Ausmisten, selbst übernehmen. Bei manchen Ställen wird lediglich die Box angemietet. Um alle anderen Dinge müssen sich die Besitzer in diesem Fall selbst kümmern. In manchen Schulbetrieben kann man sein Privatpferd auch einstellen und für den Reitunterricht zur Verfügung stellen. In der Regel bezahlt man dann eine geringere monatliche Boxenmiete. Wichtig ist, dass Ihr Pferd und auch Sie selbst zum Stall passen. Wenn Sie sich einen Schulbetrieb aussuchen, der sich vorwiegend auf die Dressur konzentriert, könnte es frustrierend für Sie sein, wenn Sie sehr gerne springen, die Hindernisse aber ständig in der Ecke der Reithalle oder des Reitplatzes stehen und nicht genutzt werden können. Achten Sie daher bei der Auswahl einer Unterkunft für Ihr Pferd auch auf solche Aspekte.

Pferde sollten tagsüber auf die Koppel gebracht werden. Diese sollte ausreichend Platz für mehrere Pferde bieten und gut eingezäunt sein.

Die Pferde-haltung

In seiner natürlichen Umgebung lebt ein Pferd mit seinen Artgenossen auf der Weide. Es zieht als Fluchttier frei umher, grast und ist Teil eines sozialen Verbunds innerhalb seiner Herde. In der Natur hat es außerdem uneingeschränkt Platz, um seinen Bewegungsdrang zu stillen.

Bei heranwachsenden Pferden ist ein Leben auf einer großen Koppel oder einem großzügig gestalteten Paddock sehr wichtig für die körperliche Entwicklung, da auf diese Weise Knochen, Gelenke und Sehnen sowie Muskeln und die inneren Organe gestärkt werden. In der Realität ist eine Offenstallhaltung aber nicht immer umsetzbar.

Häufig werden Pferde in Boxen gehalten, um sie vor extremen Wetterbedingungen zu schützen. Manchmal ist es auch praktischer für Besitzer, die wenig Zeit haben, wenn sie ihr Pferd nicht erst – manchmal völlig verdreckt – von der Weide holen müssen. Und Turnierpferde müssen sehr genau beobachtet werden, was sich mit einer Offenstallhaltung nicht vereinbaren lässt.

Natürliche Koppeln und Wiesen sind die ideale Umgebung für Pferde. Allerdings ist diese Haltung für die Besitzer nicht immer praktisch. Stallpferde sollten aber in jedem Fall täglich auf die Koppel kommen.

Der Weidegang

Bestimmte Rassen, vor allem robuste Ponys, können das ganze Jahr auf der Koppel stehen, vorausgesetzt, die Wasserversorgung ist stets gewährleistet und sie haben Zugang zu einem trockenen, windgeschützten Unterstand.

Manche Arbeits- und Turnierpferde müssen auf kontrollierte Weise gefüttert werden, und zum Teil ist es nötig, sie zu scheren und mit einer Pferdedecke einzudecken, sodass eine Stallhaltung erforderlich ist. In jedem Fall sollten Pferde täglich auf die Koppel gebracht werden, da es wider ihre Natur ist, zu lange im Stall zu stehen. Darüber hinaus regt die Bewegung auf der Koppel die Verdauung an und sorgt für einen gesunden Kreislauf. Draußen sollten die Pferde mit Artgenossen zusammenkommen, mit denen sie sich gut verstehen. Treffen mehrere dominante Tiere aufeinander, können sie sich beim Versuch, eine Rangordnung zu etablieren, schwer verletzen. Daher sollte man geduldig austesten, welche Pferde als Koppelgenossen gut zueinanderpassen.

Manche Pferde sind sehr übermütig, wenn man sie auf die Weide bringt. Kommen sie aber regelmäßig hinaus, werden sie nach ein paar ausgelassenen Sprüngen und nachdem sie sich ausgiebig gewälzt haben, ruhig beginnen zu grasen.

Ein stabiler Zaun verhindert, dass die Pferde ausbüxen.

Die Ernährung umstellen

Wenn ein Pferd für eine gewisse Erholungsphase auf der Weide stehen soll – entweder Tag und Nacht oder nur tagsüber –, muss man es langsam daran gewöhnen, um sein empfindliches Verdauungssystem nicht durcheinanderzubringen.

Man reduziert allmählich das Kraftfutter sowie die Anzahl der Decken, die das Pferd im Stall trägt. Gleichzeitig steigert man nach und nach die Anzahl der Stunden, die es draußen verbringt. Umgekehrt baut man das Kraftfutter ebenso allmählich auf, wenn das Pferd noch auf der Koppel steht und das Arbeitspensum langsam erhöht werden soll (man „füttert das Pferd an"). Mit dem Aufbau des Fitnesstrainings steigert man auch die Futterrationen.

Es ist viel einfacher, zu Beginn des Trainings mit einem ruhigen und ausgeglichenen Pferd zu arbeiten als etwa mit einem frisch geschorenen Tier, das erst seit Kurzem wieder im Stall steht und überdies durch Kraftfutterbeigaben viel zu viel überschüssige Energie hat.

Bevor das Pferd ganz auf die Koppel kommt, sollten zumindest die hinteren Hufeisen entfernt werden. (Manche Hufschmiede lassen die vorderen vor allem bei brüchigen Hufen lieber dran.) Wenn das Fitnesstraining des Pferdes dann wieder beginnt, sollte es neu beschlagen werden. Dies ist auch ein guter Zeitpunkt, um die Zähne kontrollieren und die jährlichen Impfungen durchführen zu lassen.

○ *Bäume bieten wertvollen Schatten sowie Schutz vor Regen und Wind.*

Reit- und Longierplätze

Ein Reitplatz ist ein großes Plus für jeden Pferdehalter. Die einfachste Variante ist dabei eine ebene Grasfläche. Hier sollte man alle Steine sorgfältig entfernen, bevor man mit dem Reiten oder dem Longieren beginnt.

Ein Reitplatz sollte mindestens 30 x 30 m groß sein oder die Abmessungen eines kleinen Dressurvierecks haben (20 x 40 m). Am besten eignen sich Sandplätze, in die Gummischnipsel, Holzspäne, Holzrinde oder aber spezielle Textilhäcksel eingearbeitet sind. Bei einem runden Longierplatz empfiehlt sich ein Mindestdurchmesser von 20 m. Allerdings sollte er auch nicht zu groß sein, da die Arbeit mit dem Pferd dann schwierig werden kann.

❍ Ein runder, mit Sand aufgefüllter Longierplatz mit einer stabilen Holzeinfassung ist für jeden Pferdehof und jeden Reitstall sehr wertvoll.

❍ Ein Dressurviereck in Standardgröße

Weidepflege

Am wichtigsten ist bei der Weidepflege die Entfernung der Pferdeäpfel. Das ist zwar sehr arbeitsaufwändig, beugt aber einem Wurm- und Parasitenbefall der Pferde vor und verbessert den Zustand der Weide insgesamt erheblich. Je mehr Zeit das Pferd auf der Weide verbringt, desto größer ist die erforderliche Fläche. Steht es Tag und Nacht draußen, so sollte genug Platz vorhanden sein, um verschiedene Weideflächen im Rotationssystem zu nutzen, damit die einzelnen Abschnitte sich zwischendurch erholen können.

Es empfiehlt sich, die Weideflächen regelmäßig zu walzen, zu eggen und gegebenenfalls im Frühjahr neu zu besäen, bevor das Gras zu wachsen beginnt. Eine ideale Koppel ist trocken und flach und liegt abseits von stark befahrenen Straßen oder anderen potenziellen Gefahrenquellen. Günstig ist es zudem, wenn sie von Hecken und Bäumen umgeben ist, die Schutz vor den Elementen bieten.

Häufig müssen Pferdebesitzer allerdings das Beste aus den vorhandenen Gegebenheiten machen, die nicht immer ideal sind. Doch wenn man bedenkt, dass einige der besten Renn- und Vielseitigkeitspferde der Welt auf Steilhängen in Neuseeland leben, wird klar, dass Pferde sehr anpassungsfähig sind, solange bestimmte Grundvoraussetzungen gegeben sind. Dazu gehören ein guter Zaun sowie eine zuverlässige Versorgung mit sauberem, frischem Wasser.

Wenn kein natürlicher, sauberer Bach durch die Weide fließt, muss man die Wasserversorgung auf andere Weise organisieren. Praktisch ist ein großer Wassertrog, der sich automatisch auffüllt. Alte Badewannen oder andere Behälter mit scharfen Kanten sind nicht zu empfehlen, da das Pferd sich hier beim Trinken verletzen kann.

Bedenken Sie, dass Sie bei Weiden ohne eine natürliche oder automatische Wasserversorgung täglich mehrmals dafür sorgen müssen, dass Ihr Pferd Wasser bekommt.

① Die Kette wird in einen Sicherheitsverschluss eingehängt;
② eine Holzstange als Weidezugang ist eine günstige Variante;
③ das Gatter wird mit einer Kette am Pfosten befestigt.

Zaunsysteme

Pferde kosten ihre Freiheit gerne aus und nutzen daher jede Gelegenheit, um auszubüxen, wenn die Koppel nicht sicher eingezäunt ist.

- Der Zaun sollte mindestens 1,2 m hoch sein.
- Ein Holzzaun ist ideal, kann aber kostspielig sein; er sollte eingelassen werden, um die Pferde daran zu hindern, am Holz zu nagen.
- In den letzten Jahren haben sich vermehrt Elektrozäune mit breiten Bändern durchgesetzt, die von den Pferden gut gesehen werden. Sie sind relativ günstig und können dorthin versetzt werden, wo man sie braucht.
- Weidegatter sollten so breit sein, dass ein Pferd samt der Person, die es führt, sie gut passieren können, ohne hängen zu bleiben. Ideal ist ein Gatter, das sich leicht mit einer Hand öffnen und wieder verschließen lässt.

O Ein Holzzaun sieht schön aus und ist sicher.

Weideunterstand

Wenn kein natürlicher Wetterschutz vorhanden ist, sollte den Pferden ein offener Unterstand zur Verfügung stehen. Hierfür empfiehlt sich eine rechteckige Holz- oder Metallkonstruktion, die allen Pferden, die sich auf der Koppel befinden, Platz bietet. Der Unterstand sollte an drei Seiten geschlossen und an der wetterabgewandten Seite offen sein, damit die Pferde ungehindert ein- und ausgehen können.

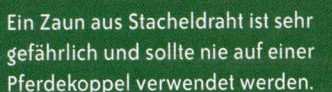

Ein Zaun aus Stacheldraht ist sehr gefährlich und sollte nie auf einer Pferdekoppel verwendet werden.

O Ein Weideunterstand mit offenen Seiten bietet Schutz vor der Sonne.

Die Stall-organisation

Es gibt viele unterschiedliche Stallvarianten, von sehr einfachen Behausungen bis zu überaus gehobenen Ausführungen. Einige Voraussetzungen sollten aber stets erfüllt sein, damit das Pferd sich wohlfühlt.

So ist beispielsweise eine gute Belüftung wichtig. Gleichzeitig ist darauf zu achten, dass der Stall nicht zugig ist und die Temperaturen nicht zu heiß werden. Pferde vertragen Kälte in der Regel recht gut, aber bei zu großen Minustemperaturen sollten sie eingedeckt oder der Stall geheizt werden. Die Stalldecke sollte mindestens doppelt so hoch sein wie der Widerrist des Pferdes.

In jedem Stall sollte sich außerdem ein Fenster befinden, das sich nach außen öffnen lässt und auf der Innenseite durch Holzlamellen oder ein Metallgitter geschützt wird, damit das Pferd das Glas nicht zerbrechen kann. Idealerweise bestehen die Fenster aus Sicherheitsglas, das nicht splittert.

Die Böden sollten aus Sicherheitsgründen rutschfest sein. Betonböden werden zu diesem Zweck häufig mit leichten Rillen versehen, damit eine bessere Haftung der Hufe sowie der Abfluss von Wasser gewährleistet ist. Gummimatten sind zwar teuer, aber eine lohnende Investition. Sie verbessern die Haftung erheblich und dienen in den Boxen als weiche Unterlage für die Einstreu. Darüber hinaus sind sie sehr hygienisch, da sie regelmäßig mit einem Schlauch abgespritzt und von Zeit zu Zeit desinfiziert werden können, beispielsweise wenn ein Pferd krank war oder ein anderes Pferd die Box bezieht.

○ *Klaubt man die Pferdeäpfel regelmäßig auf, kann man einen Teil der Einstreu länger verwenden und sorgt insgesamt für einen größeren Komfort für das Pferd.*

○ *Durch tägliches Aus-*
misten bleibt die Box
sauber, hygienisch und
angenehm für das Pferd.

Elektrische Leitungen müssen im Stall speziell gegen Feuchtigkeit isoliert und so verlegt werden, dass die Pferde sie nicht erreichen können. Außensteckdosen sowie -schalter müssen mit einer Sicherheitsabdeckung ausgestattet werden.

In der Regel werden Pferde in Einzelboxen untergebracht (bis auf Stuten mit ihren Fohlen). Im Offenstall teilen sich mehrere Pferde einen großen Unterstand, in dem sie nach Belieben ein- und ausgehen können. Früher waren häufig Ständer üblich, in denen die Pferde angebunden werden. Da sie in einem Ständer aber nur wenig Bewegungsfreiheit haben, sind diese nicht zu empfehlen.

Der ideale Tagesablauf im Stall

07:00 Uhr
- Wassereimer auffüllen; erste Futtergabe
- Ausmisten und einstreuen
- Das Pferd bürsten, Hufe auskratzen

09:30 Uhr
- Pferdeäpfel aufklauben; das Pferd abdecken, falls es eine Decke trägt
- Das Pferd satteln und bewegen
- Wassereimer bei der Rückkehr zum Stall auffüllen

12:00 Uhr
- Das Pferd putzen; mit der Tagesdecke eindecken
- Wassereimer auffüllen
- Zweite Futtergabe
- Heunetz auffüllen

16:00 Uhr
- Hufe auskratzen; Pferdeäpfel auflesen
- Einstreu aufschütteln
- Tagesdecke abnehmen und Pferd striegeln
- Das Pferd mit Nachtdecke eindecken
- Wassereimer auffüllen
- Dritte Futtergabe

19:30 Uhr
- Pferdeäpfel auflesen
- Heunetz und Wassereimer auffüllen
- Letzte Fütterung

Letzter Kontrollgang
- Gehen Sie, wenn möglich, am späteren Abend noch einmal zum Stall, um zu überprüfen, ob alles in Ordnung ist.

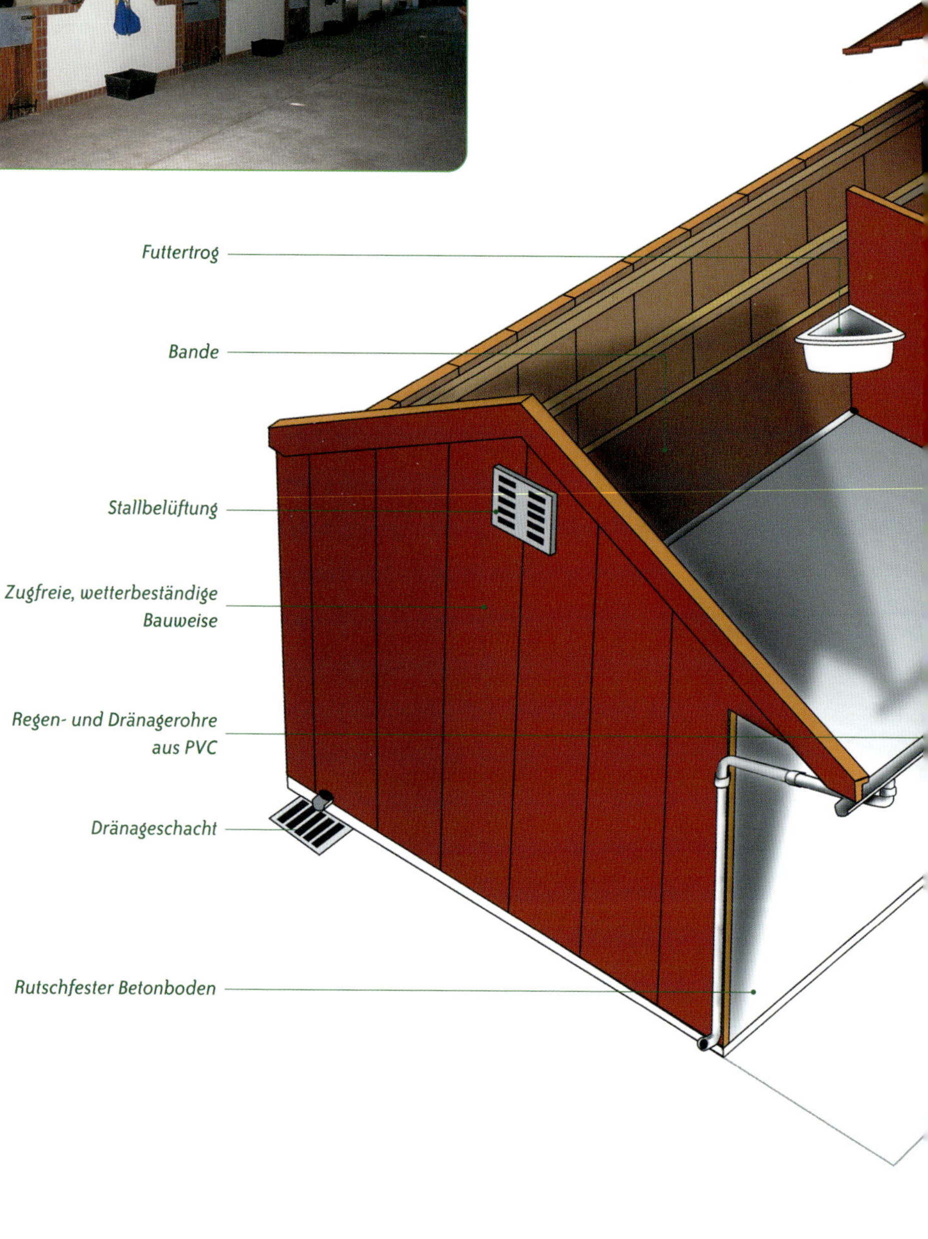

Futtertrog

Bande

Stallbelüftung

Zugfreie, wetterbeständige
Bauweise

Regen- und Dränagerohre
aus PVC

Dränageschacht

Rutschfester Betonboden

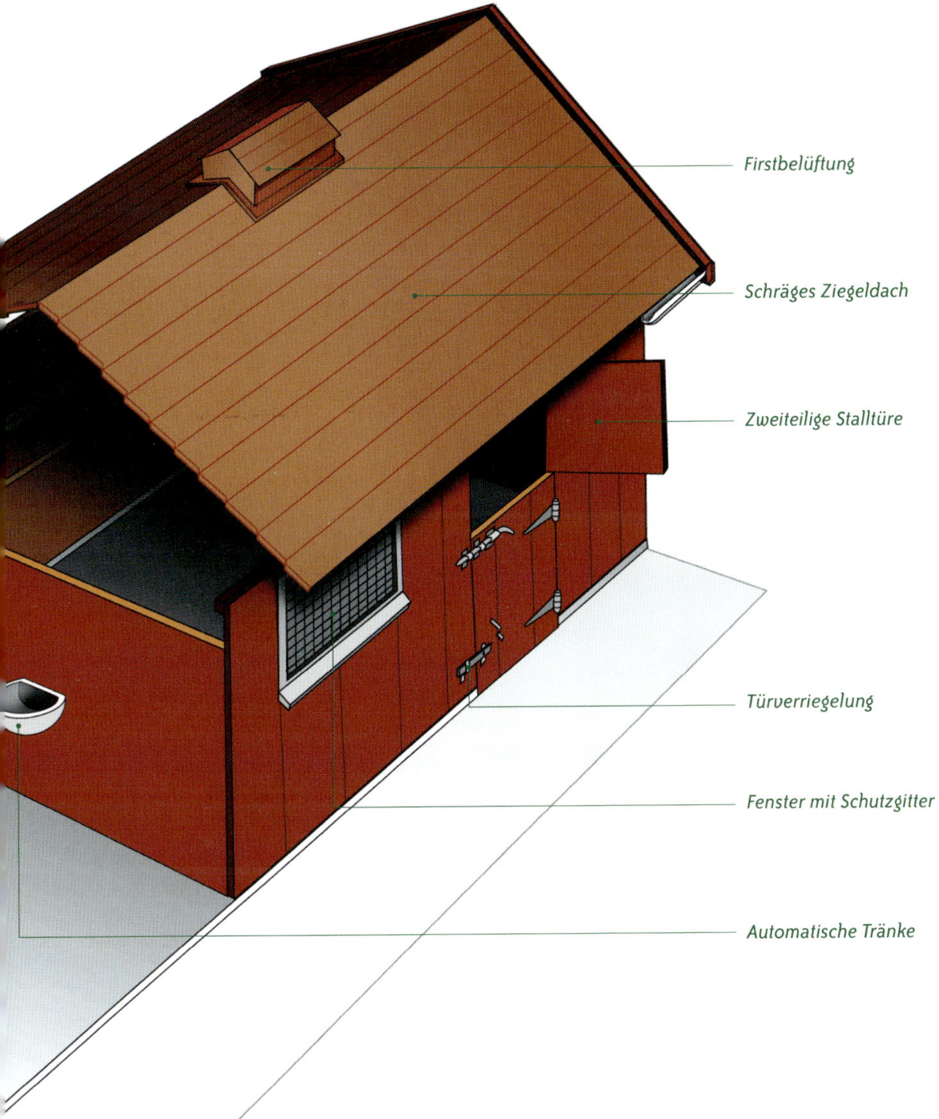

Firstbelüftung

Schräges Ziegeldach

Zweiteilige Stalltüre

Türverriegelung

Fenster mit Schutzgitter

Automatische Tränke

Die Ausstattung des Stalls

Grundsätzlich sollte man darauf achten, dass alle potenziell gefährlichen Gegenstände sich nicht in Reichweite der Pferde befinden.

○ Einen Wassereimer kann man sicher an der Boxenwand befestigen.

- Türverriegelungen müssen so angebracht sein, dass sie nicht vom Pferd geöffnet werden können. Es gibt unterschiedliche Sicherheitsriegel, bei denen dies gewährleistet ist und an denen sich die Pferde auch nicht verletzen können.

- Wassertränken und Futtertröge sollten nicht unterhalb der Schulterhöhe des Pferdes angebracht werden. Die Kanten müssen abgerundet sein und dürfen nicht hervorstehen. In großen Ställen werden Futterklappen immer beliebter, über die das Futter von außen direkt in den Futtertrog gefüllt werden kann, sodass man sich das aufwändige Öffnen und Schließen der Boxentüren spart.

- Wasser muss in der Box genauso wie auf der Koppel stets zur Verfügung stehen. Wassertränken werden in der Regel in der dem Futtertrog gegenüberliegenden Ecke angebracht. Werden Eimer verwendet, sollten diese in der Nähe der Tür an der Boxenwand stehen, damit sie möglichst nicht vom Pferd umgestoßen werden.

- Heu können Pferde vom Boden fressen oder aber aus einem Heutrog, einer Heuraufe oder einem Heunetz. Heunetze müssen sorgfältig festgebunden werden, damit das Pferd sich nicht darin verfangen kann.

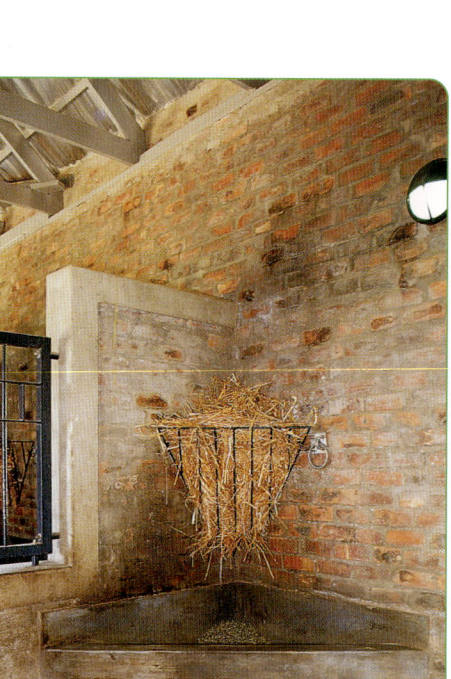

○ Eine gut beleuchtete Box mit integrierter Heuraufe und einem praktischen Futtertrog.

Einstreu

Eine gute Einstreu ist wichtig für das Wohlbefinden des Pferdes. Sie dient als Isolierung gegen die Kälte und als weicher Schutz, wenn das Pferd sich in der Box hinlegt. Qualitativ gutes Stroh (Weizenstroh ist am besten) eignet sich hervorragend als Einstreu, da es Nässe gut absorbiert und zudem warm und behaglich ist. Allerdings sollte es nicht bei Pferden verwendet werden, die allergisch auf Staub reagieren. Manche Pferde fressen zu viel von dem Stroh, auf dem sie stehen, sodass man auch hier eine andere Einstreu verwenden sollte.

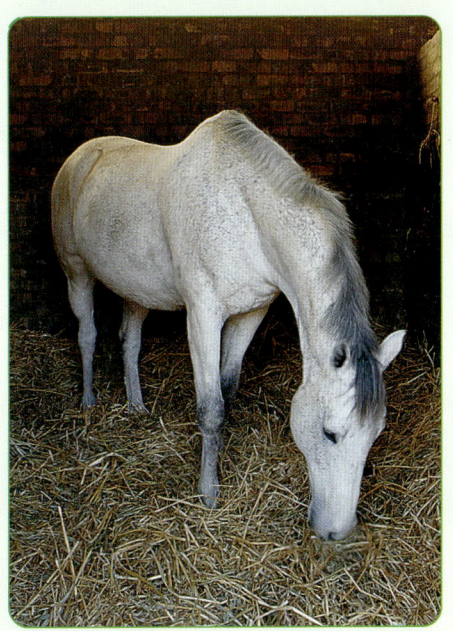

○ *Stroh ist ein günstiges Einstreumaterial, das gerne verwendet wird.*

○ *Holzspäne sind sehr saugfähig und praktisch.*

Holzspäne sind sehr saugfähig, werden nicht gefressen und sind leicht auszumisten, wenn die Pferdeäpfel regelmäßig entfernt werden. Sägemehl ist nicht zu empfehlen, da es schnell sehr feucht wird. Gelangt es zusammen mit Heu in den Magen des Pferdes, kann es außerdem eine Kolik verursachen. Papierschnipsel sind vollkommen staubfrei und werden daher gerne bei Pferden mit Stauballergien verwendet. Ein neues Produkt ist die Hanfeinstreu. Sie ist ebenfalls staubfrei und sehr saugfähig. Diese Einstreu ist zwar relativ teuer, aber wenn man die Pferdeäpfel regelmäßig entfernt, sehr effektiv, sodass diese Einstreuart, langfristig gesehen, preisgünstig sein kann.

Diese Stute und ihr neugeborenes
Fohlen liegen auf weichem Stroh.

Die Stallarbeit

Mit etwas Routine bekommt man die Stallarbeit gut in den Griff, und auch die Stallbewohner freuen sich darüber (s .a. S. 61). Pferden gefällt es, wenn die Abläufe zu bestimmten, regelmäßigen Zeiten stattfinden. Ein typischer Stalltag beginnt mit dem Füttern. Wenn es keine automatische Tränke gibt, geben Sie dem Pferd vor jeder Fütterung frisches Wasser. Danach entfernen Sie den Wassereimer und spülen ihn aus.

Nach der ersten Fütterung wird ausgemistet. Währenddessen binden Sie das Pferd außerhalb der Box an. Prüfen Sie, ob die Tagesdecke noch gut auf dem Rücken des Pferdes liegt, oder nehmen Sie diese tagsüber ab. Dann geben Sie eine Gabe Heu in die Box und stellen den Wassereimer wieder hinein.

Futtertröge sollten täglich gereinigt werden. Die Stallgasse beziehungsweise der Hofbereich werden nach dem Ausmisten gekehrt. Nach dem Gebrauch sollten alle Werkzeuge ordentlich weggeräumt werden, damit sich kein Mensch und kein Tier an ihnen verletzen kann.

Zwischendurch sollte man so oft wie möglich Pferdeäpfel sowie nasse Einstreu aus der Box entfernen. Auf diese Weise spart man Kosten, da insgesamt weniger Einstreumaterial benötigt wird. Vor der abendlichen Fütterung sollten Sie dies in jedem Fall erledigen und dem Pferd erneut frisches Wasser bringen.

Entsorgung von Mist und Einstreu

Es gibt einige Unternehmen, die Ställen Container für die zu entsorgende Einstreu bereitstellen und gegen Gebühr abholen. Wenn Sie die Möglichkeit haben, einen Misthaufen anzulegen, der hin und wieder von einem Bauern abtransportiert und auf Felder ausgebracht wird, ist das in der Regel kostengünstiger. Sie müssen dabei aber bestimmte umwelttechnische Vorschriften beachten. Informieren Sie sich daher vorher genau darüber, welche Voraussetzungen erfüllt sein müssen. Bei sehr kleinen Mengen können Sie auch einen oder mehrere Komposthäufen im Garten anlegen, die mit Pferdemist vermischt werden. Wenn der Kompost reif ist, können Sie damit wunderbar Ihre Gartenbeete düngen.

Ausmisten und Einstreuen

1. Jeden Morgen entfernen Sie die verschmutzte Einstreu sowie die Pferdeäpfel.
Wenden Sie das verbliebene Material sys-
tematisch, um alle verschmutzten Bereiche
aufzudecken. Dieser Vorgang entfällt,
wenn Sie eine sogenannte Matte aufgebaut haben, die täglich gereinigt und mit
etwas neuem Material aufgeschüttet wird.

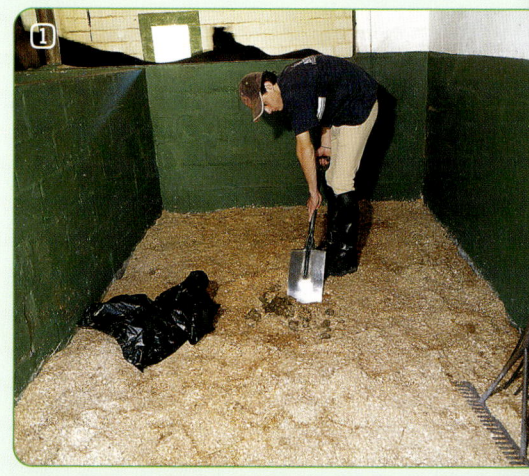

2. Schieben Sie die restliche Einstreu an die
Ränder der Box und trennen Sie dabei
nach Möglichkeit das saubere vom leicht
verschmutzten Material. Benutzen Sie
dafür eine Mistgabel oder eine Schaufel
und legen Sie den Boden so weit wie möglich frei. Kratzen Sie mit der Schaufel
Schmutzreste vom Boden weg.

3 Fegen Sie den Boden gründlich. (Von Zeit zu Zeit sollte er auch geschrubbt und desinfiziert werden.) Danach lassen Sie ihn gut abtrocknen. Die Einstreu bleibt an den Rändern liegen. Idealerweise sollte die saubere Box den ganzen Tag gelüftet werden. Das ist allerdings nur möglich, wenn das Pferd nicht darin steht.

4 Nach dem Lüften verteilen Sie das leicht verschmutzte Material in der Box und bedecken es mit sauberer Einstreu. Harken Sie diese, sodass sie gleichmäßig auf dem Boden verteilt ist. Falls nötig, streuen Sie etwas frische Einstreu darüber. Wenn Sie Stroh verwenden, müssen Sie es gut aufschütteln.

Pferde transportieren

Der Transport von Pferden erfordert ein großes Maß an Sorgfalt und Erfahrung. Man muss sehr achtsam dabei vorgehen. Möglicherweise beauftragen Sie auch ein professionelles Transportunternehmen mit einem erfahrenen Fahrer. Wenn Sie Ihr Pferd selbst transportieren möchten, sollten Sie nie zu schnell fahren und bereits vor dem eigentlichen Transport üben, mit einem Pferdeanhänger im Schlepptau Auto zu fahren. Seien Sie in jedem Fall stets besonders vorsichtig und achtsam.

Vielleicht müssen Sie Ihr Pferd nie selbst transportieren, aber die meisten Pferde reisen zu irgendeinem Zeitpunkt in ihrem Leben doch einmal oder auch häufiger in einem Anhänger. So muss Ihr Pferd wahrscheinlich von seinem Vorbesitzer zu dem Stall gebracht werden, in dem Sie es halten möchten. Reiter, die häufig auf Turnieren sind, an Jagden, Polospielen oder Distanzritten teilnehmen, müssen mit ihren Pferden zum jeweiligen Austragungsort reisen. Und selbst wenn Sie nur zum Vergnügen ausreiten, möchten Sie dies vielleicht einmal in einer anderen Umgebung tun – an einem Strand beispielsweise. Auch wenn Ihr Pferd krank werden sollte oder sich verletzt, muss es möglicherweise in eine Tierklinik transportiert werden.

○ *Ein gut ausgebildetes Pferd lässt sich problemlos verladen.*

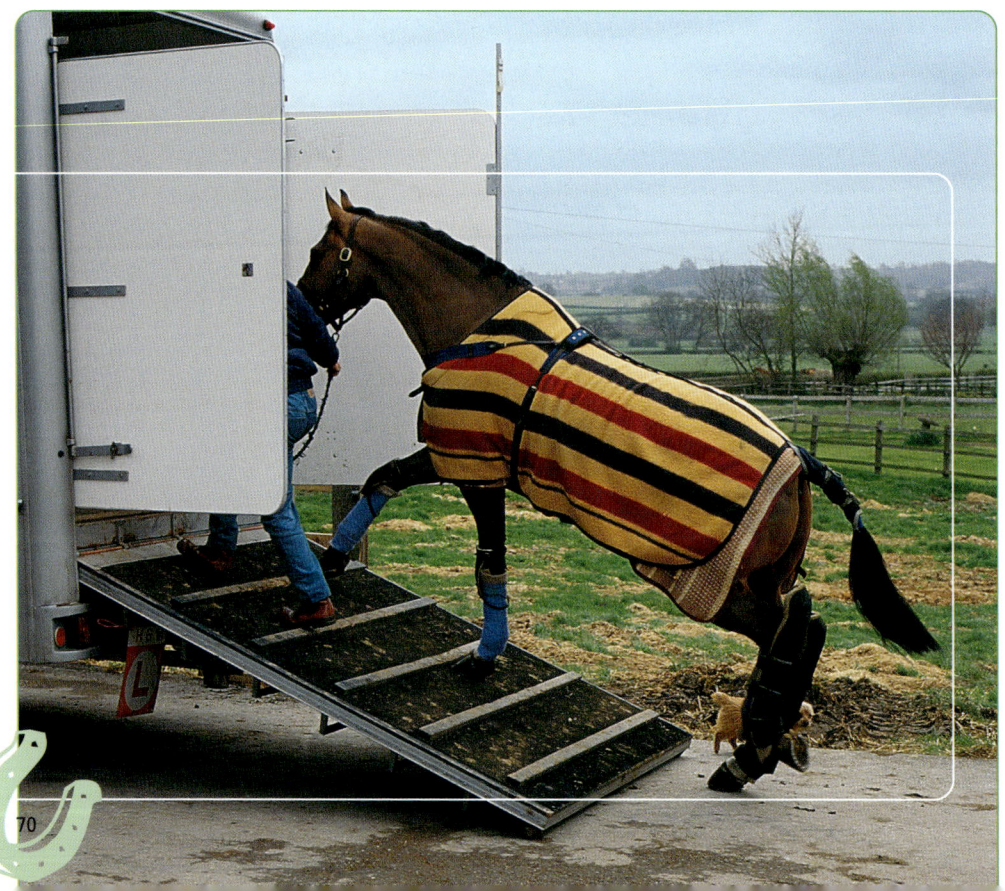

○ *In einem großen Transporter haben bis zu sechs Pferde gleichzeitig Platz.*

Ponys und Pferde, die importiert werden, reisen manchmal mit dem Flugzeug oder dem Schiff. Auch hier ist die gleiche Sorgfalt geboten wie beim Transport auf der Straße. Beim Straßentransport können Sie entweder einen Pferdeanhänger mit dem eigenen Auto ziehen oder das Pferd in einen größeren Transporter verladen. In jedem Fall benötigen Sie eine geeignete Transportausrüstung. Dazu gehören:

- ein Halfter
- Transportgamaschen
- eine Schweifbandage und gegebenenfalls ein Genickschutz
- eine Pferdedecke
- Wasser und Futter, wenn die Reise länger dauert.

○ *In diesem luxuriösen Transporter ist eine kleine Sattelkammer untergebracht.*

71

Ein Pferd verladen

Wenn Sie Ihr Pferd problemlos führen können, sollte es auch beim Verladen keine Probleme geben. Gehen Sie in die Nähe der Rampe, richten Sie Ihren Blick fest geradeaus und führen Sie das Pferd dann die Rampe hinauf und in den Anhänger hinein. Wenn es Ihnen nicht bereitwillig folgt, sollten Sie nicht am Führstrick ziehen oder zerren. Sprechen Sie ruhig und in einem aufmunternden Ton mit dem Pferd und versuchen Sie dabei langsam vorwärts zu gehen. Versuchen Sie nicht, seinen Kopf abzuwenden und dann von vorne zu beginnen, da sie damit nachgeben. Halten Sie den Kopf des Pferdes in Richtung des Anhängers und wenden Sie sich nicht ab. Wenn es stehen bleibt oder zögert, hilft es manchmal, einen Fuß des Pferdes mit der Hand auf die Rampe zu setzen und es leicht von hinten zu schieben. Versuchen Sie auch, das Pferd mit Futter zu locken. Das Verladen kann problematisch sein, vor allem, wenn Sie unerfahren oder unsicher sind. Pferde sind sensible Wesen, die Ihre Unsicherheit ausnützen können.

Sie sollten nie versuchen, mit dem Pferd in einen Transporter hineinzureiten, aber Sie können beim Hineinführen eine Trense verwenden, da Sie das Pferd damit besser kontrollieren können als mit einem Halfter. Wenn Sie zuerst ein unproblematisches Pferd in den Anhänger führen, lässt sich das unerfahrene Pferd wahrscheinlich leichter hineinlocken.

Beim Entladen binden Sie das Pferd zunächst los und halten es fest, während ein Helfer die Rampe öffnet. Dann führen Sie es langsam rückwärts (oder vorwärts, je nach Transporter) hinaus. Drücken Sie sein Hinterteil sanft in die Mitte der Rampe, damit es nicht seitlich abrutscht und sich verletzt.

○ *Pferdeanhänger bei einer Veranstaltung*

Einen Anhänger mit dem Auto ziehen

Sobald Sie losfahren, sollten Sie versuchen, eine gleichmäßige Geschwindigkeit aufrechtzuerhalten. Vermeiden Sie plötzliches Bremsen oder Beschleunigen und fahren Sie langsam in die Kurven hinein. Drosseln Sie das Tempo auf holprigen Straßen. Überprüfen Sie regelmäßig, ob es Ihrem Pferd gut geht.

Pferde können gut vier oder fünf Stunden ohne Unterbrechung transportiert werden. Dauert die Reise länger, sollten Sie Pausen einlegen und dem Pferd Wasser geben.

○ Ein Pferd lässt sich ruhig in einen Anhänger führen.

○ Zwei Pferde in einem Anhänger werden von einem gewöhnlichen Pkw gezogen. Der Raum zwischen der Rampe und dem Dach lässt viel frische Luft einströmen.

Die Ernährung des Pferdes

Alle Pferde benötigen Ballaststoffe, Proteine, Kohlenhydrate, Fette, bestimmte Mineralien, Spurenelemente und Vitamine.

Ballaststoffe sind im Raufutter enthalten (zum Beispiel im Heu), Proteine findet man in den essenziellen Aminosäuren der meisten Getreidearten, vor allem im Hafer, sowie in vielen anderen Futtermitteln wie etwa der Luzerne. Zu viel Protein kann dem Pferd schaden, da es die Nieren zu stark beansprucht, ein Mangel an Protein hat dagegen einen schlechten Allgemeinzustand, Appetitlosigkeit und eine geringe Leistungsfähigkeit zur Folge. Kohlenhydrate liefern dem Pferd Energie und fördern sein Wachstum.

❍ Selbst wenn Pferde auf der Koppel etwas grasen können, benötigen sie in der Regel zusätzliches Raufutter.

❍ Pferde lieben Äpfel und Kindern macht es Spaß, sie zu füttern. Auch dieser Appaloosa genießt das Leckerli zwischendurch.

Sie sind beispielsweise in Gras, Getreide, Kraftfutter oder Melasse enthalten. Wichtig ist, dass man die Kohlenhydratzufuhr darauf abstimmt, wie viel das Pferd leisten muss: Zu viele Kohlenhydrate bei zu wenig Bewegung führen zu Übergewicht, während ein Kohlenhydratmangel ein Pferd bei zu starker Beanspruchung energielos werden lässt. Fette regulieren die Körpertemperatur und sorgen für ein gesundes, glänzendes Fell. Bei einer ausgewogenen Ernährung müssen Vitamine nur selten zusätzlich als Nahrungsergänzung unter das Futter gemischt werden. So ist Vitamin A (wichtig für Hufe und Fell) zum Beispiel in Karotten, Gras, Mais und Luzerne enthalten. Zu einem Mangel an Vitamin B (gut für das Nervensystem) kommt es bei einer guten Ernährung äußerst selten. Vitamin C ist in Gras enthalten und wird zudem im Verdauungstrakt des Pferdes hergestellt. Vitamin D (wird bei einer gesunden Ernährung unter Einwirkung von Sonnenlicht vom Pferd selbst produziert) und die Mineralien Kalzium und Phosphor sind wichtig für das Knochenwachstum. Phosphor ist in Getreide, Kalzium ist in Melasse und der Luzerne enthalten. Die Vitamine E und K (wichtig für die Fortpflanzung beziehungsweise die Blutgerinnung) finden sich beispielsweise in gekeimten Sprossen.

Richtig füttern

Pferde haben ein kompliziertes Verdauungssystem mit einem zirka 30 m langen Darm. Deshalb kann es leicht zu Verstopfungen und Koliken kommen. In der freien Natur grasen Pferde ständig und nehmen so stets kleine Mengen auf. Da dies bei einer Stallhaltung nicht der Fall ist, muss man für einen guten

Ausgleich sorgen, damit der Verdauungsapparat gut funktioniert. Das Pferd erhält daher Raufutter beispielsweise in Form von Heu oder Gras.

Pferde zermahlen ihr Futter mit den Zähnen, die während ihres Lebens ständig weiterwachsen. Daher sollte man regelmäßig kontrollieren, ob sie gegebenenfalls zwischendurch von einem Tierarzt abgeschliffen werden müssen, damit zu lange Kanten und Ecken das Pferd beim Kauen nicht behindern.

Ein gesundes Pferd ist nicht zu dick und nicht zu dünn. Das Fell sollte weich und glänzend sein. Ein Pferd, das den Leistungsanforderungen entsprechend gefüttert wird, arbeitet in der Regel eifrig mit.

Das Verdauungssystem des Pferdes

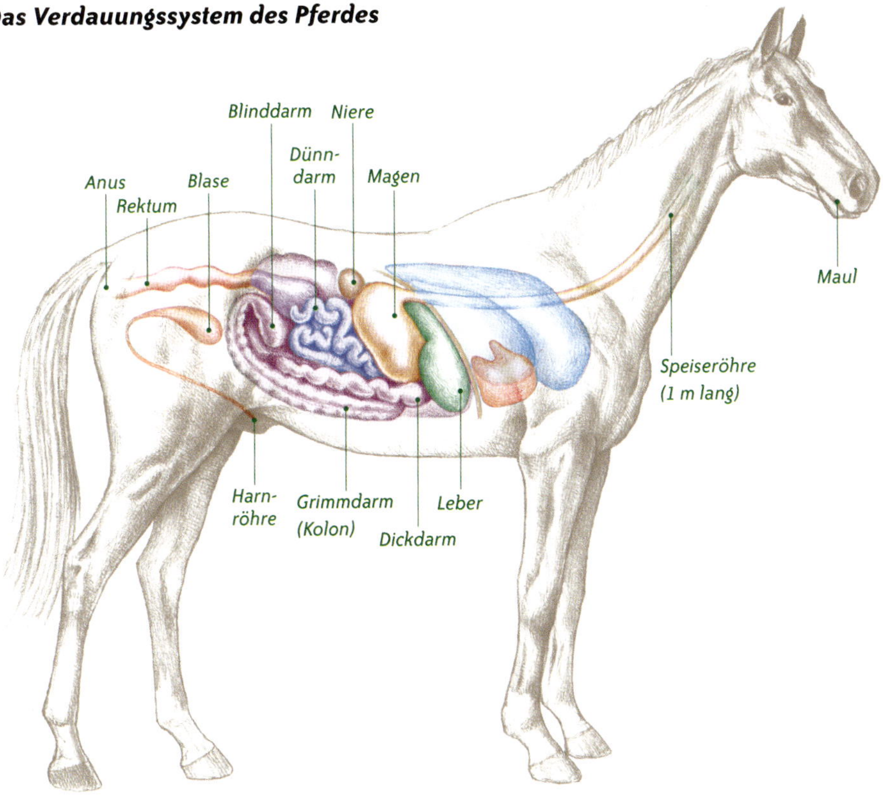

Anus
Rektum
Blase
Blinddarm
Dünn-
darm
Niere
Magen
Maul
Speiseröhre
(1 m lang)
Harn-
röhre
Grimmdarm
(Kolon)
Leber
Dickdarm

○ Das Gras auf der
anderen Seite des
Zauns schmeckt
immer am besten.

○ Frisches Gras ist ein leckeres
und nahrhaftes Futter.

77

Die vier grundlegenden Futtermittelgruppen

- Grünes Saftfutter: Gras, natürliche Weide
- Raufutter: Heu oder Heuersatz wie etwa Heulage
- Zerealien: Hafer, Gerste, Mais, Weizen, Leinsamen, Kleie, Zuckerrüben
- Fertigfutter (Kraftfutter): Futtermischungen und Pellets

Für eine gute Ernährung benötigt ein Pferd all diese Bestandteile in einer ausgewogenen Mischung sowie genügend Vitamine und Mineralien.

Verschiedene Futterzutaten

1. Maiskörner
2. Grüne Luzerne-Pellets
3. Rohfaserhaltige Pellets
4. Soyafutter
5. Gequetschter Mais
6. Hafer
7. Gerste
8. Leinsamen
9. Häcksel
10. Kleie
11. Melasse

Raufutter

Ein Pferd sollte täglich mindestens zweimal Heu bekommen, und zwar morgens und abends. Bei Leistungspferden, die ein intensives Training absolvieren, sollte der Verdauungstrakt möglichst wenig belastet werden. Daher füttert man ihnen weniger Heu und erhöht die Kraftfutterration.

Staubiges Heu darf nicht ohne Weiteres verfüttert werden, da es schwere Atemwegserkrankungen auslösen kann, wenn der Staub über einen längeren Zeitraum vom Pferd eingeatmet wird. Wenn man leicht staubiges Heu verfüttert, weicht man die einzelnen Abschnitte des Heuballens 20 Minuten lang in Wasser ein, um den Staub herauszuwaschen beziehungsweise im Heu zu binden. Der im Heu verbleibende Staub gelangt auf diese Weise in den Magen, nicht aber in die Atemwege des Pferdes. Ist kein Heu in guter Qualität erhältlich, sollte man auf andere Futtermittel wie etwa Heulage ausweichen. Heulage ist nährstoffreicher als Heu, daher empfiehlt es sich, die Rationen entsprechend zu reduzieren.

Raufutter sollte stets ein Bestandteil der Ernährung des Pferdes sein und nie ganz durch Kraftfutter ersetzt werden, da die Verdauung sonst erheblich durcheinandergeraten könnte.

Pferde sollten stets Raufutter erhalten, selbst wenn sie tagsüber auf der Koppel stehen.

Heulage

Luzerne (auch Alfalfa genannt)

Stroh

Haferstroh

○ Haferstroh ist immer eine leckere Zwischenmahlzeit für das Pferd.

Kraftfutter (Pellets o. Müslimischungen)

Die früher übliche Futtermethode, Hafer und Gerste oder eine andere Kombination verschiedener Getreidesorten zu verfüttern, wurde zum großen Teil durch die Entwicklung von Pellets und Müslimischungen abgelöst. Diese Produkte sind gerade für die Besitzer von nur einem Pferd sehr praktisch, da sie in Säcken erhältlich sind und somit kein größerer Lagerraum nötig ist. Außerdem ist das Futter stets frisch. Auch in größeren Ställen hat diese Fütterungsart ihre Vorteile, da es sehr zeitintensiv ist, individuelle Futtermischungen für die verschiedenen Pferde zusammenzustellen.

Pellets:

In der freien Natur fressen Pferde fast ausschließlich verschiedene Gräser. Trotzdem meinen manche Besitzer, dass Pellets dem Pferd auf die Dauer zu langweilig werden. Doch wenn ein Pferd nichts anderes gewöhnt ist, wird es mit diesem Futter sehr zufrieden sein, denn es wird nichts vermissen, was es nicht kennt. Wenn man Pellets von einem namhaften Hersteller bezieht, enthalten sie ausschließlich qualitativ hochwertige Zutaten. In der Regel haben Pellets einen hohen Ballaststoffanteil und einen niedrigen Stärkegehalt, sodass sie ideal für sehr aufgedrehte Pferde geeignet sind. Die Zutaten werden beim Verarbeitungsprozess gemahlen und aufgeschlossen, sodass das Verdauungssystem des Pferdes nicht belastet wird. Pellets sind überdies sehr wirksam, wenn eine Gewichtszunahme erwünscht ist.

○ Eine Fertigfuttermischung

Futtermischungen:

Es herrscht das Gerücht, dass diese Mischungen eigentlich nur für die Pferdebesitzer entwickelt wurden, die den Geruch von Pellets nicht mögen und diese ihren Pferden deshalb nicht verfüttern. Die Futtermischungen duften aufgrund ihres höheren Melassegehalts besser. Einige Hersteller mischen dem Futter zusätzlich Kräuter bei, um damit den Geruchssinn der Besitzer anzusprechen. Die Futtermischungen setzen sich in der Regel aus folgenden Zutaten zusammen: Maisflocken, Erbsen, Gerste, Weizen; in sehr energiehaltigen Mischungen ist auch Hafer enthalten. Mischungen mit einem geringeren Energiegehalt enthalten ballaststoffreiche, hellbraune Pellets sowie grüne Gras- oder Luzerne-Pellets.

Fertigfutter

Es kann aufbereitete sowie naturbelassene Zerealien enthalten, wobei der Verdauungsapparat des Pferdes die Stärke von nicht vorbehandeltem Getreide (mit Ausnahme von Hafer) nicht gut verdauen und verwerten kann. Es gibt verschiedene Methoden der Aufbereitung: die sogenannte Flockung mithilfe von Dampf, die Infrarotbehandlung (ähnlich dem Mikrowellenverfahren) und die sogenannte Extrusion, bei der die Stärke unter Einwirkung von Hitze und Druck aufgeschlossen und umgewandelt wird.

Häcksel

Häcksel werden gerne Pferden gefüttert, die ihr Futter zu schnell herunterschlingen. Häcksel aus getrocknetem Heu sind ein natürliches Produkt und haben die Qualität von Frühlingsgras, dem die Feuchtigkeit entzogen wurde. Häcksel sind sehr trocken, sodass das Pferd viel Speichel produzieren muss, um sie gut schlucken zu können. Sie gehören zur Kategorie des Raufutters und sollten durch eine nährstoffreiche Futterkomponente ergänzt werden, um die Ernährung des Pferdes abzurunden. Ursprünglich bestanden Häcksel nur aus Haferstroh. Mittlerweile gibt es viele verschiedene Produkte, die beispielsweise Melasse, Honig, Öl oder Kräuter sowie Heu und Luzerne enthalten.

Die Pferdeernährung in heißen Ländern

Hier sind Pellets gut geeignet, da sie aufgrund des niedrigeren Melassegehalts länger haltbar sind als Futtermischungen.

In einigen warmen und feuchten Ländern können Futtermischungen leicht von Milben befallen werden. Ist dies der Fall, entwickelt sich ein süßlicher Geruch, sodass Pferde das Futter nicht mehr fressen.

In einem heißen, feuchten Klima benötigen Pferde mehr Salz. Häufig ist es Mineralien, Spurenelementen und Proteinpräparaten zugesetzt. Man kann es aber auch separat dem Futter beimischen oder einen Salzleckstein in der Box oder auf der Koppel anbringen.

Pferdeernährung für Anfänger

Unerfahrene Reiter, die erst seit Kurzem Pferdebesitzer sind, sollten kein nährstoffreiches Futter verwenden. Das Letzte, was man sich wünscht, ist ein Pferd, das aufgedreht und voller überschüssiger Energie ist und seinen Reiter möglicherweise abwirft. Zunächst sollte man sich mit dem Pferd vertraut machen und es reiten, wenn es ruhig und entspannt ist. Sobald man das Pferd besser kennt, kann man das Futter nach Bedarf langsam aufbauen.

In einem großen Stall gehört die individuelle Futterzusammenstellung für die Pferde zur täglichen Routine.

Die Futtermenge berechnen

Futterhersteller bieten in der Regel Informationsbroschüren zu ihren Futtermitteln an und manche haben auch eine telefonische Futterberatung eingerichtet, sodass man sich umfassend über die Produkte informieren kann.

Fertige Futtermischungen zu kaufen, hat die folgenden Vorteile:

- gleich bleibende Qualität; die Produkte unterliegen ständigen Qualitätskontrollen
- ständige Verfügbarkeit der verschiedenen Futtersorten, die bei unterschiedlichen Aktivitäten des Pferdes gezielt eingesetzt werden können
- ausgewogene Nährwerte; man muss dem Futter keine Ergänzungsmittel zusetzen; bei einfachen Getreidesorten ist das häufig erforderlich.

- Futtermischungen sind zwar teurer, aber für frisch gebackene Pferdebesitzer sehr unkompliziert. Man muss lediglich die richtige Menge abwiegen.

In Ihrer Futterkammer sollten Sie die folgenden Dinge aufbewahren:

- eine Waage zum Wiegen von Heunetzen und anderem Futter
- ein Gewichtsmaßband, das in Höhe der Gurtlage um den Rumpf des Pferdes gelegt wird, um das Gewicht wöchentlich zu schätzen
- einen Messbecher oder einen anderen Behälter zur Futterentnahme

Messen Sie das Futter stets genau ab. Wiegen Sie diese Menge und notieren Sie das Gewicht, sodass Sie genau wissen, wie viel jede Futtersorte wiegt.

Das Gewicht eines Pferdes schätzen

G
Gurtmaß

Linie vom Punkt oberhalb des Ellenbogens zum hinteren Oberschenkel
L

G cm x L cm x 75 = Gewicht in Kilogramm
Tägliche Futtergabe: 2,5 : 100 x Gewicht

Alle Pferde mögen Gemüse- und Obstleckerlis wie Karotten oder Äpfel. Diese Stallgenossen warten bereits freudig auf ein paar Häppchen.

Das Futter dem Leistungspensum anpassen

Wenn Sie ein Fertigfutter auswählen, sollten Sie es stets darauf abstimmen, wie viel das Pferd in der Regel täglich leistet. Kaufen Sie kein Leistungsfutter, wenn Sie lediglich wenig anstrengende Ausritte machen. Soll das Pferd größere Leistungen erbringen, ist es nicht ratsam, die Rationen eines Futters mit einem niedrigen Energiegehalt zu erhöhen. Steigen Sie stattdessen auf ein Futter mit entsprechenden Energieträgern um. Vergrößert man die Futterrationen, belastet dies lediglich den Verdauungstrakt, ohne dass die gewünschte Wirkung erzielt wird.

Futter für Leistungspferde

Wenn man eine Leistungssteigerung des Pferdes erzielen möchte, bringt es nichts, einfach die Futtermenge zu erhöhen, denn letztlich ist die Zusammensetzung des Futters entscheidend. Leistungsfutter enthält energiereiche Ballaststoffe. Die Energie wird hier langsam und anhaltend freigesetzt, sodass die Ausdauer der Pferde gesteigert wird. (Bei traditionellen Getreidemischungen wird dagegen energiereiche Stärke genutzt, die sehr schnell freigesetzt wird.) Leistungspferde erhalten überdies häufig nährstoffreiche Häcksel sowie etwas Öl, da es den dreifachen Kaloriengehalt von Getreide hat.

○ Clinton, ein sechsjähriger Holsteiner, ist ein gesundes, kerniges Pferd – wer würde sich das nicht für sein Pferd wünschen?

○ *Pferde sollten dazu ermuntert werden, Wasser zu trinken, bevor man sie füttert.*

Der Fütterungs-ablauf

Pferde sind Gewohnheitstiere und warten ab einer bestimmten Uhrzeit auf ihr Futter. Am besten ist es, drei oder vier Mal am Tag zu füttern, wenngleich das nicht immer machbar ist, vor allem, wenn Sie berufstätig sind und Ihnen niemand bei der Betreuung Ihres Pferdes hilft. Sie müssen es zumindest jeden Morgen und jeden Abend füttern und dafür sorgen, dass es grasen kann oder Raufutter bekommt.

Mischen Sie das Futter in einem geeigneten Behälter, bevor Sie es dem Pferd bringen. Bewahren Sie einen Messbecher in der Futterkammer auf, wenn Sie ermittelt haben, wie viel ein Messbecher voll Futter wiegt und wie

viele Becher Sie dem Pferd bei einer Mahlzeit geben sollten. Vermischen Sie alle Bestandteile miteinander und befeuchten Sie die Mixtur etwas, wenn Sie trockenes Futter verfüttern, vor allem wenn feine Kleie enthalten ist. Vergewissern Sie sich, dass das Pferd Wasser trinkt, bevor Sie es füttern. Füllen Sie den Wassereimer beziehungsweise die Tränke wieder auf, bevor Sie den Stall verlassen.

Füttern Sie ein Pferd nie unmittelbar vor oder nach körperlichen Belastungen. Warten Sie nach dem Füttern mindestens eine Stunde, bevor Sie reiten, und lassen Sie das Pferd nach einem Ritt abkühlen, indem Sie es eine Weile Schritt gehen lassen oder es führen. Versorgen Sie es dann mit Wasser und Heu, bevor Sie ihm anderes Futter geben.

Futterlagerung

Idealerweise steht Ihnen ein Futterlager zur Verfügung, in dem sich das gesamte Futter unterbringen lässt: Kraftfutter, die verschiedenen verwendeten Getreidesorten, Ergänzungsfutter sowie eine ganze Menge an Raufutter wie Heu, Luzerne und so weiter. Dieses sollte nicht unmittelbar auf dem Boden gelagert werden, damit es trocken bleibt. Der Raum sollte trocken, kühl und sauber sein. Bewahren Sie Futtersorten wie etwa Getreide in gut verschließbaren Tonnen, Eimern oder anderen Behältern auf, um sie vor Ungeziefer zu schützen.

🔾 Das Futter wird in verschließbaren Behältern gelagert.

🔾 Haferstroh- und Luzerneballen sind ordentlich in einem Lagerraum aufgestapelt.

Verbrauchen Sie stets ältere Futterreste, bevor Sie die Behälter mit neuem Futter auffüllen. Behälter aus Plastik sind zur Ungezieferabwehr gut geeignet. Allerdings sollten Sie sich bewusst sein, dass Ratten und Mäuse auch von Heu und Stroh angezogen werden, weshalb in Ställen auf der ganzen Welt erfolgreich Katzen angeheuert werden.

Sorgen Sie dafür, dass Pferde nicht in die Futterkammer gelangen, da sie eine gefährliche Kolik bekommen können, wenn sie zu viel fressen.

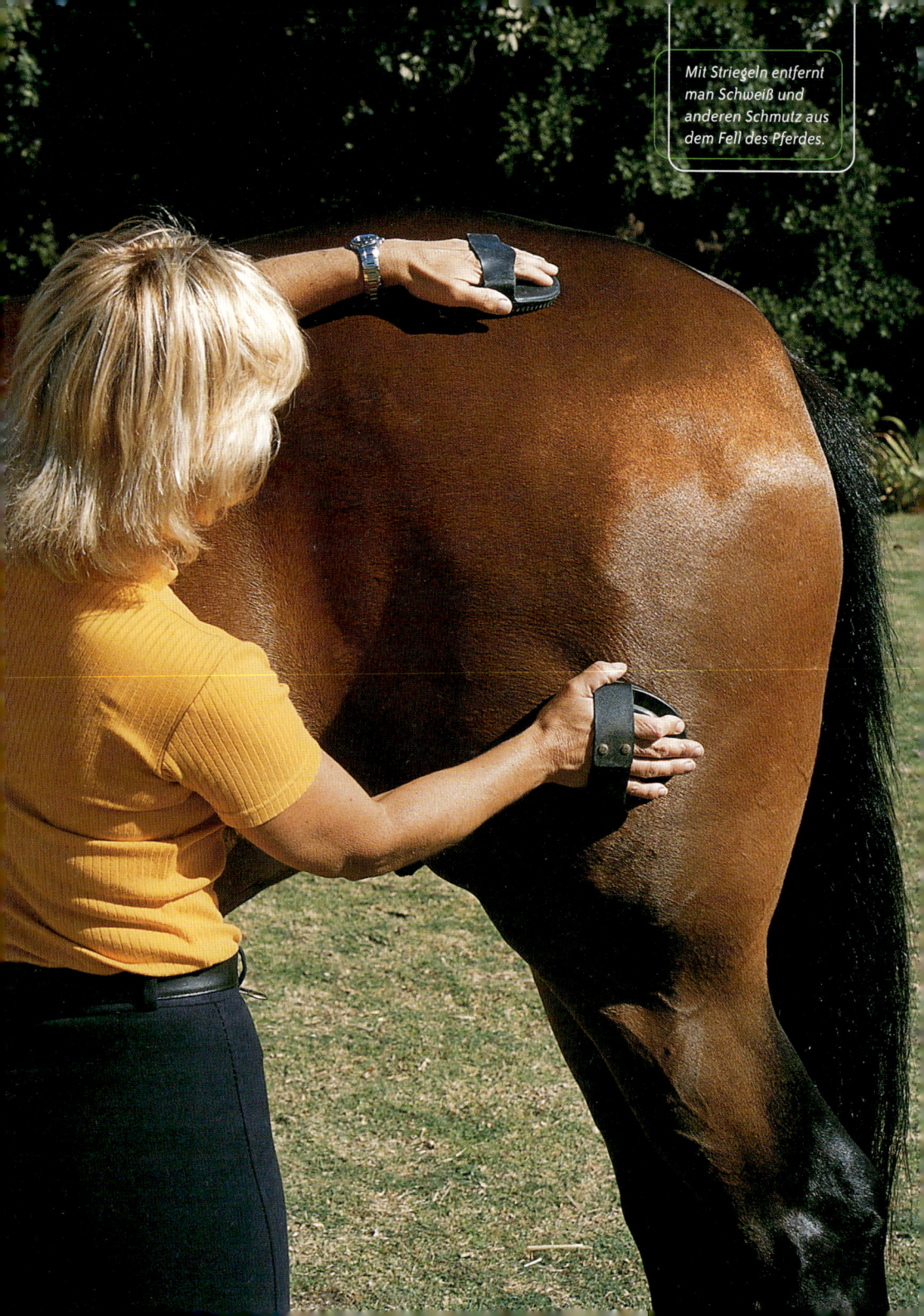

Die richtige Pflege

Jedes Pferd hat ein Recht auf eine gewisse grundlegende Pflege, damit es ihm gut geht. Die meisten Besitzer gehen jedoch viel weiter und verwenden sehr viel Mühe und Geld darauf, ihrem Pferd die bestmögliche Pflege angedeihen zu lassen.

Das Putzen ist nicht nur ein kosmetischer Prozess, sondern wichtig für ein gesundes Fell und eine gesunde Haut. In der freien Natur knabbern die Pferde am Fell ihrer Artgenossen und übernehmen so zum Teil die Fellpflege. Außerdem wälzen und kratzen sich die Pferde ausgiebig selbst, um Schlamm und Staub sowie Schweiß und lose Haare loszuwerden. Das regt überdies den Kreislauf an und fördert die Zell- und Fellerneuerung.

Das gegenseitige Putzen in der Herde stärkt zudem die sozialen Bindungen untereinander. Bei domestizierten Pferden muss der Mensch diese Rolle übernehmen. Das Putzen ist eine Gelegenheit, das Pferd zu berühren und zu streicheln, es kennenzulernen und eine vertrauensvolle Beziehung zu ihm aufzubauen. Vor jeder Arbeit mit dem Pferd sollte es mindestens zehn Minuten lang geputzt werden. So kann man es auch auf eventuelle Verletzungen untersuchen. Nach der Arbeit entfernt man Schweiß und Schmutz und sorgt mit dem Putzen dafür, dass das Pferd sich wohlfühlt, bevor es wieder in den Stall kommt.

Regelmäßiges sorgfältiges Putzen ist wichtig für die Fell- und Hautpflege des Pferdes.

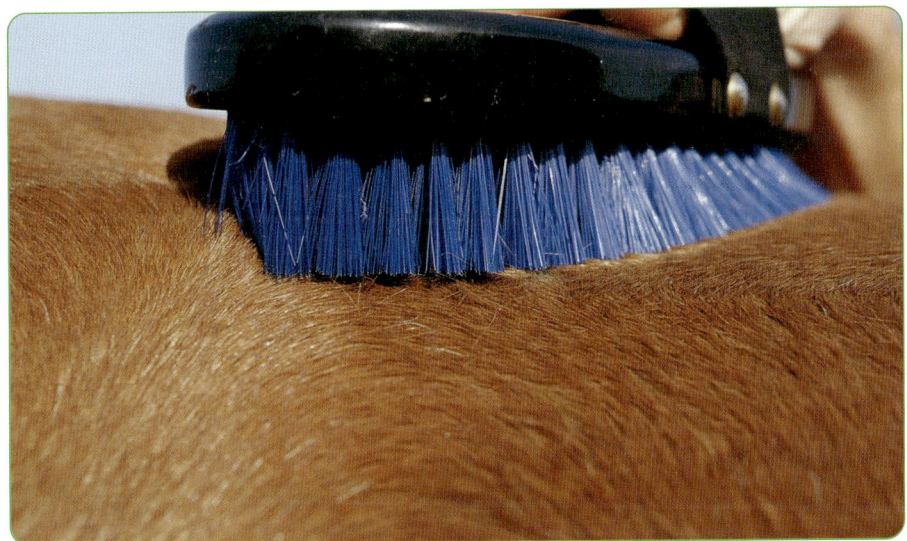

Vor dem Putzen

Vor dem Putzen halftern Sie Ihr Pferd auf und binden es mit einem Strick an. Der Strick sollte nicht zu lang durchhängen (damit sich das Pferd nicht darin verfängt), aber auch nicht allzu kurz sein (eine Länge von zirka einem halben Meter ist ideal).

Binden Sie das Pferd mit einem Panikknoten an, der sich schnell lösen lässt, wenn es sich plötzlich erschrecken sollte und stark zurückzieht. Der Strick sollte außerdem mit einem Panikhaken am Halfter befestigt werden, der in einem solchen Fall ebenfalls schnell gelöst werden kann. Gelingt es einem panischen Pferd nicht sich loszureißen, kann es sich schnell verletzen. Um dies zu vermeiden, sollte man den eigentlichen Strick mit einem Stück Schnur am Anbindering befestigen, die beim starken Zurückziehen des Pferdes reißen würde.

Die Putzausrüstung

1. Gummistriegel
2. Kardätsche mit Schwamm
3. Kardätsche
4. Wurzelbürste
5. Hufmesser
6. Metallstriegel
7. Mähnenkamm
8. Weiches Tuch
9. Hufkratzer
10. Schweißmesser

Der Putzablauf

○ Der Huf wird von kleinen Steinen und Dreck befreit.

Die Hufe

Zunächst kratzen Sie nacheinander die Hufe des Pferdes aus. Entfernen Sie den Schmutz stets von der Ferse aus nach vorne und seien Sie sehr vorsichtig, wenn Sie den weichen, empfindlichen Strahl säubern (s. a. Foto S. 101). Prüfen Sie, ob die Füße gesund sind und ob die Hufeisen noch fest sitzen. Wenn das Pferd bewegt worden ist, können Sie die Hufe mit einem Schlauch abspritzen oder mit einer Wurzelbürste und warmem Wasser säubern.

Das Fell

Man sollte darauf achten, beim Putzen nicht zu intensiv mit der Kardätsche zu arbeiten, da wichtiges Wasser abweisendes Körperfett sonst aus dem Fell des Pferdes entfernt wird. Aus diesem Grund sollte man auch darauf verzichten, das Pferd häufig zu waschen. Wenn es wirklich einmal nötig ist, wäscht man das Pferd an einem warmen Tag mit einem Pferdeshampoo, spült gut mit klarem Wasser nach und entfernt überschüssiges Wasser mit einem Schweißmesser. Dann trocknet man das Pferd mit einem Handtuch ab und deckt es gegebenenfalls ein.

Man beginnt mit dem Putzen stets beim Kopf des Pferdes und arbeitet sich von dort aus nach hinten vor.

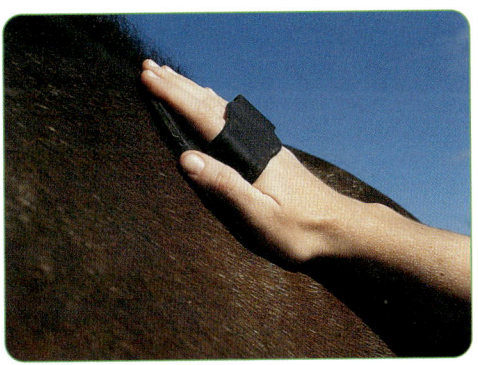

○ Mit einem Gummistriegel entfernt man Schweiß und Lehm aus dem Fell.

Mit einem Gummistriegel lassen sich Lehm, Staub und angetrockneter Schweiß am besten entfernen. Mit kreisenden, massierenden Bewegungen bearbeitet man damit weiche Körperpartien. Für knochige Stellen wie den Kopf oder die unteren Beine darf der Striegel nicht verwendet werden. Hier benutzt man eine weiche Bürste.

Wenn der gröbste Schmutz entfernt ist, bürstet man das Pferd mit langen gleichmäßigen Bewegungen mit einer Kardätsche. Wenn Sie damit ein paar Mal über das Fell gestrichen haben, bürsten Sie die Kardätsche an einem Metallstriegel ab, den Sie in der anderen Hand halten. Klopfen Sie diesen zwischendurch immer wieder auf dem Boden aus, um den Staub daraus zu entfernen.

○ *Manche Pferde genießen es, bei warmen Temperaturen abgespritzt zu werden. Sie müssen danach gut getrocknet werden, damit sie sich nicht erkälten.*

Der Kopf

Wenn beide Seiten sowie Bauch und Beine geputzt sind, widmen Sie sich gezielt dem Kopf. Nehmen Sie dem Pferd das Halfter ab und schnallen Sie es um seinen Hals. Legen Sie eine Hand auf den Nasenrücken des Pferdes und bearbeiten Sie den Kopf sanft mit einer weichen Bürste. Seien Sie besonders vorsichtig im Bereich der Augen, Ohren und Nüstern. Putzen Sie den Kopf des Pferdes stets von der Seite aus und arbeiten Sie sehr behutsam, da ein einziger Schlag mit der Bürste das Pferd erschrecken und kopfscheu machen kann.

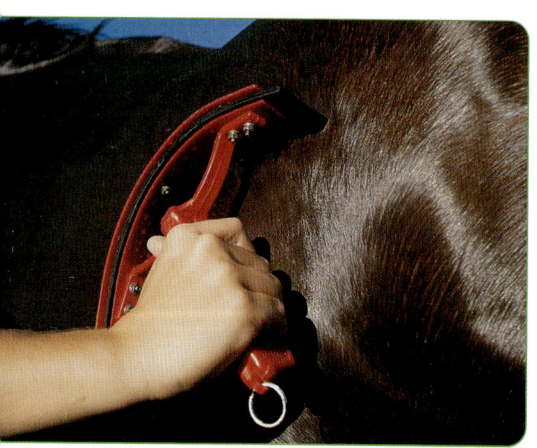

○ *Mit einem Schweißmesser entfernt man überschüssigen Schweiß oder Wasser aus dem Fell.*

○ *Mit einer Wurzelbürste reinigt man die Hufe sowie Mähne und Schweif.*

Mähne und Schweif

Vermeiden Sie es, Mähne und Schweif zu bürsten, da die Haare selbst bei sehr sanftem Bürsten brechen können. Der Mähnenansatz kann an den Wurzeln etwas gebürstet werden, damit das Wachstum angeregt wird, aber sämtliche Verfilzungen müssen von Hand entwirrt werden.

Beim Schweif trennen Sie jeweils einen kleinen Abschnitt vom Rest und entwirren verfilzte Bereiche ebenfalls mit der Hand. Diese Arbeit kann mithilfe eines Schweifsprays erleichtert werden.

Zum Abschluss

Befeuchten Sie einen Schwamm mit warmem Wasser und säubern Sie damit sanft Augen, Maul und Nüstern des Pferdes. Mit einem anderen Schwamm säubern Sie die Schweifrübe sowie die Unterseite des Schweifs.

Die Hufe fetten Sie innen und außen mit Huffett ein. So glänzen sie schön und werden gleichzeitig gepflegt.

Weidepferde sollte man weniger intensiv putzen, da sie stärker auf den Schutz des natürlichen Fettgehalts in ihrem Fell angewiesen sind. Pflegen Sie stets gewissenhaft Augen, Nase, Hufe und die Schweifrübe. Das Putzen des restlichen Körpers sollte sich auf das Entfernen von Lehm mit einem Gummistriegel oder einer Wurzelbürste beschränken.

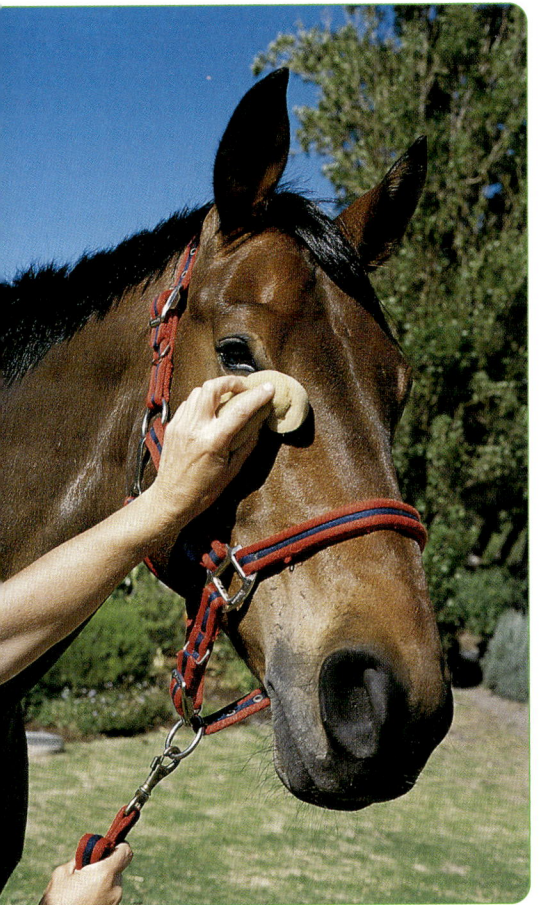

○ Reinigen Sie die Augen des Pferdes mit einem sauberen Schwamm.

Die Mähne verziehen

Schweif und Mähne eines Reitpferds, das im Stall gehalten wird, sollten stets ordentlich und gepflegt sein. Manche Mähnen sind sehr dick und schwer zu bändigen. In diesem Fall kann man sie ausdünnen und kürzer machen. Durch das Verziehen kann man auch erreichen, dass die Mähne nur auf einer Seite des Halses liegt. Man sollte sie allerdings nie mit einer Schere schneiden, da sie dann sehr buschig und erst recht widerspenstig wird.

○ Beim Verziehen der Mähne wickelt man einzelne dünne Strähnen um den Mähnenkamm und zieht diese dann mit einem Ruck heraus.

So verziehen Sie eine Mähne richtig:

- Beginnen Sie am vorderen Ende. Nehmen Sie eine Haarsträhne fest in die Hand und kämmen Sie die oben liegenden Haare mit einem Mähnenkamm nach oben. Wickeln Sie nun die unten liegenden Haare um den Kamm und ziehen Sie sie dann mit einem Ruck nach unten heraus.
- Arbeiten Sie die Mähne Stück für Stück durch und kürzen Sie sie auf die gewünschte Länge. Wenn das Pferd empfindlich reagiert, sollten Sie den Prozess auf mehrere Tage verteilt durchführen.
- Verziehen Sie die Mähne am besten, nachdem das Pferd bewegt worden ist, da die Poren dann geöffnet sind und die Haare sich leichter herausziehen lassen.
- Wenn die Stirnmähne sehr dick ist, kann man einen kleinen Bereich des darunterliegenden Fells scheren, sodass die Mähne etwas flacher wird.

bis zirka zehn Zentimeter unterhalb des Sprunggelenks reicht, wenn das Pferd in Bewegung ist.

- Vor Wettkämpfen und auf Reisen kann man den Schweif mit einer Schweifbandage schützen. So bleibt er stets ordentlich. Die Schweifbandage sollte fest genug gewickelt sein, aber den Schweif nicht abdrücken. Bei Transporten kann man den Schweif zusätzlich mit einer Schweifhülle schützen. Sie verhindert, dass die Schweifbandage sich löst, wenn das Pferd sich scheuert.

⊙ Ein gepflegter Schweif glänzt und ist frei von Verfilzungen.

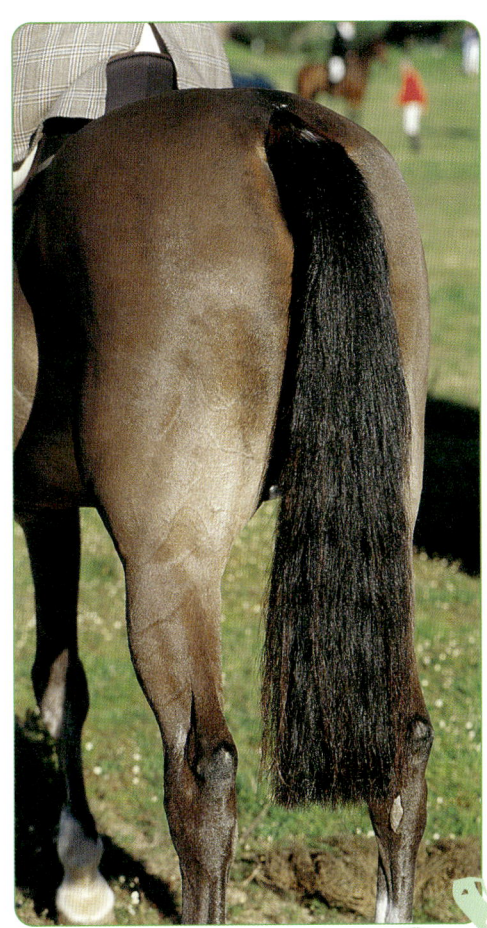

⊙ Das Schweifende wird gerade abgeschnitten.

Den Schweif in Form bringen

Ein gepflegter Schweif sollte oben schmal sein, nach unten hin voller werden und in einer geraden Linie enden.

- Um diesen Effekt zu erzielen, werden die langen Haare im Bereich des Schweifansatzes durch vorsichtiges Verziehen oder Scheren entfernt. In der Regel verfährt man so bis zirka zur Hälfte beziehungsweise einem Drittel der Schweifrübe.
- Der Schweif wird dann am unteren Ende gerade abgeschnitten, und zwar so, dass er

Die Schur

Behaarte Fesseln kann man vorsichtig mit einer stumpfen Schere oder mit einer Schermaschine schneiden. Lange Haare in den Ohren dürfen auf eine Länge mit der äußeren Form des Ohrs gebracht werden, aber man darf auf keinen Fall das schützende innere „Fell" anrühren. Die Haare auf der Unterseite des Kiefers kann man stutzen, aber die langen Tasthaare am Maul des Pferdes darf man auf keinen Fall entfernen, nur weil man es optisch vielleicht schöner findet.

Die Schur sollte von einem professionellen Scherer vorgenommen werden. Es gibt verschiedene Schurvarianten, je nachdem, wie viel das Pferd leisten muss, denn je stärker es geschoren wird, desto weniger schwitzt es. Pferde, die ständig stark beansprucht werden, können einen Totalschnitt bekommen oder nur bis zu den Ellbogen und Oberschenkeln geschoren werden. Bleibt ein Sattelfleck ebenfalls ungeschoren, bezeichnet man die Schur als Hunterschnitt. Bleibt das Fell an den Beinen ungeschoren, ist das Pferd hier besser gegen das Wetter geschützt. Bei einem sogenannten Deckenschnitt bleiben die Beine sowie der Rückenbereich ungeschoren. Diese Schur empfiehlt sich bei Pferden, die nicht so hart arbeiten müssen. Bei einem Streifenschnitt werden die Hälfte des Gesichts sowie Hals und Bauch geschoren. Diese Schur wird gerne bei Ponys angewendet, die nicht ständig im Einsatz sind.

◐ Ein Hunterschnitt mit zusätzlich geschorenen Beinen wie beim Totalschnitt

◐ Ein Deckenschnitt

◐ Ein Streifenschnitt

Die Mähne flechten

Bei besonderen Anlässen kann man Mähne und Schweif des Pferdes flechten, damit es besonders hübsch aussieht. Bei bestimmten Turnieren wie beispielsweise der Dressur ist das Flechten Standard. Bei gehobenen Springturnieren ist es dagegen nicht üblich, da die Pferde oft an mehreren Tagen in der Woche springen.

Um die Mähne zu flechten, unterteilt man sie in gleich große Abschnitte. Dann flicht man einen dünnen Zopf und fixiert ihn mit einem Haargummi, bevor man den Zopf nach innen einrollt und erneut mit einem Gummiband fixiert oder mit Nadel und Faden festnäht.

Bei Dressurveranstaltungen werden die Zöpfchen so gestaltet, dass sie ständig etwas kleiner werden, damit die Biegung des Halses besser zur Wirkung kommt. Außerdem werden sie mit einem weißen Band umwickelt.

○ *Mähne und Schweif werden bei Turnieren häufig geflochten.*

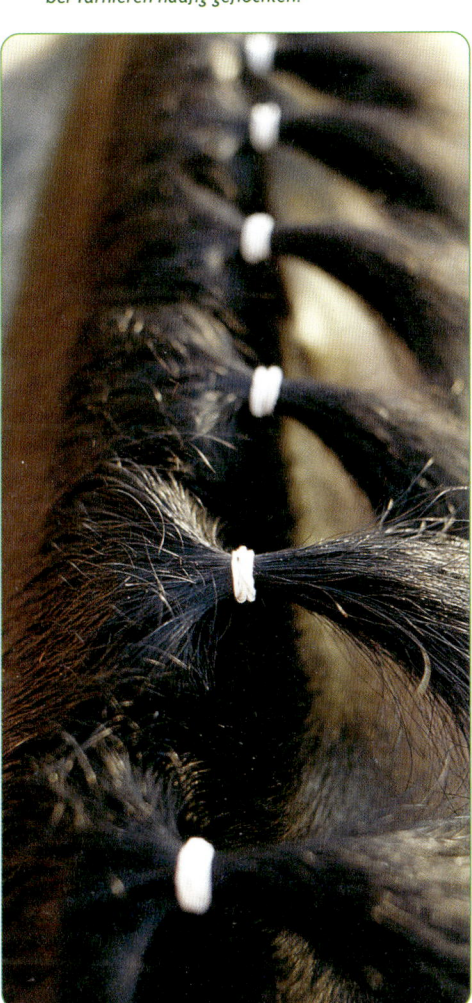

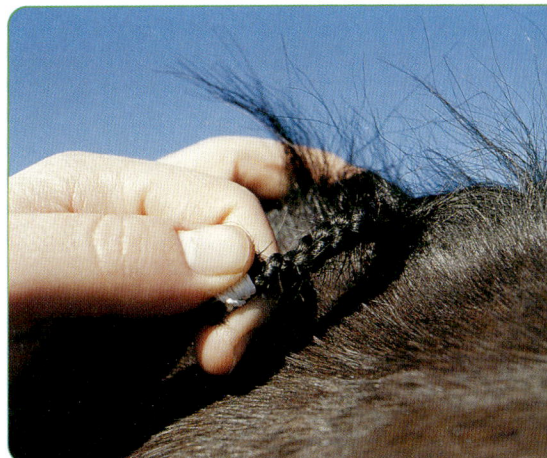

Den Schweif flechten

1. Beginnen Sie damit, am Schweifansatz drei Haarsträhnen miteinander zu verflechten.
2. Arbeiten Sie dann jeweils Strähnen von beiden Seiten in den Hauptzopf mit ein.
3. Fahren Sie damit fort, bis Sie fast das Ende der Schweifrübe erreicht haben, und flechten Sie ab hier nur den Hauptzopf weiter.
4. Fixieren Sie das Ende des Zopfes mit einem Haargummi und schlagen Sie das Ende dann in einer schönen Schleife nach innen ein.
5. + 6. Befestigen Sie es nun mit einem weiteren Haargummi, kurz unterhalb der Schweifrübe.

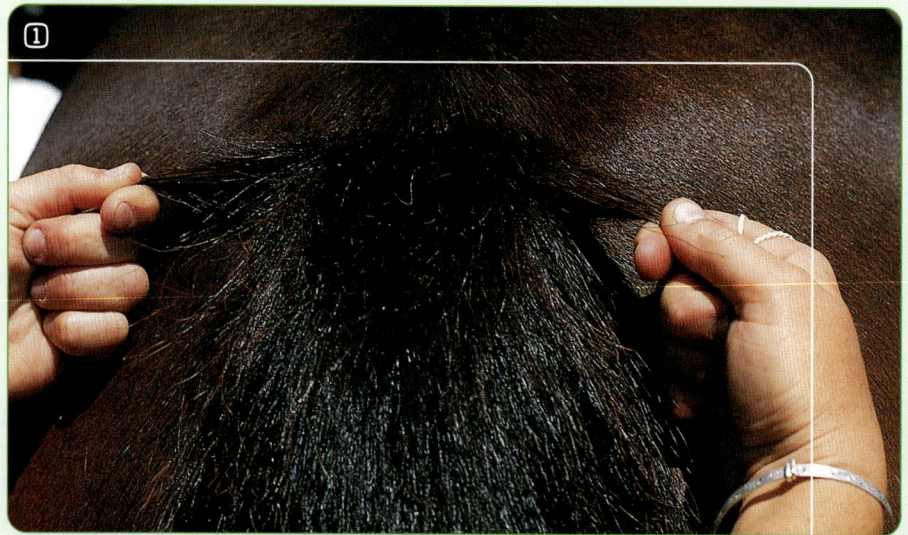

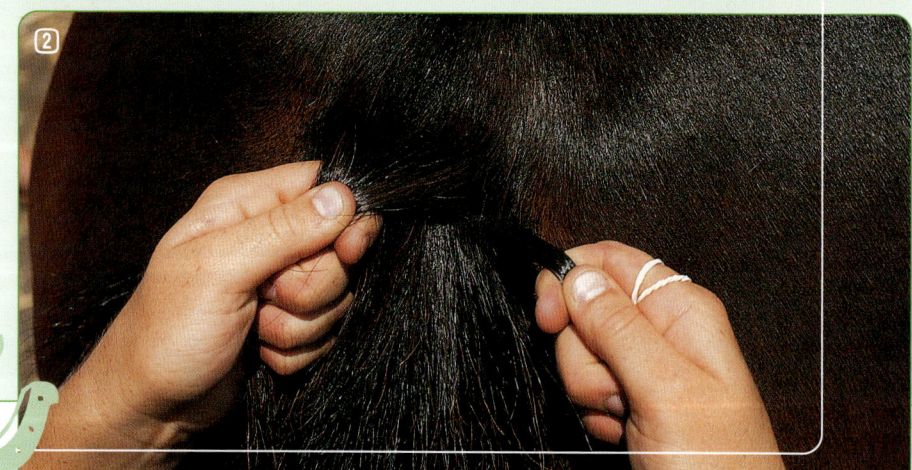

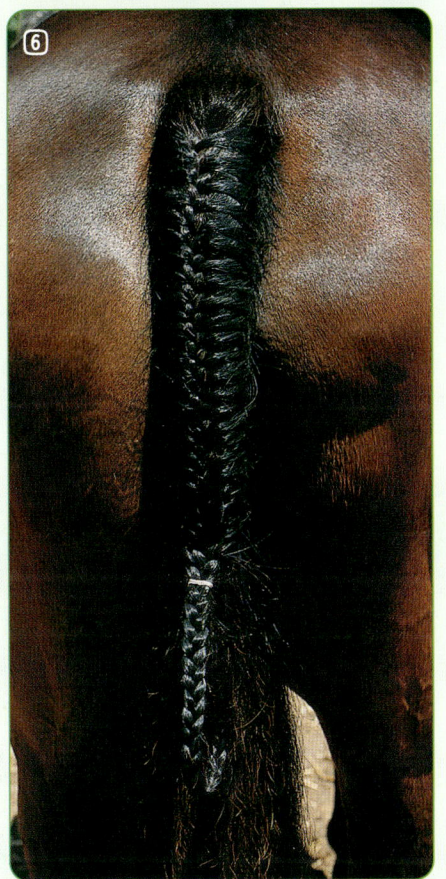

Hufpflege

Hufprobleme führen dazu, dass ein Pferd lahmt, und ein lahmendes Pferd kann man nicht reiten. Daher sollte jeder Pferdebesitzer wissen, wie ein Huf aufgebaut ist und wie er richtig gepflegt wird.

Regelmäßige Besuche des Hufschmieds sind unerlässlich. Selbst wenn das Pferd nicht beschlagen ist, müssen die Hufe geschnitten werden. Darüber hinaus müssen die Hufe täglich mindestens einmal ausgekratzt werden.

Dabei sollten Sie stets kontrollieren, ob sie gesund sind. Prüfen Sie, ob Steine im Huf festsitzen oder ob Druckstellen oder andere Verletzungen erkennbar sind. Untersuchen Sie den Huf zudem auf Risse und Strahlfäule. Unternehmen Sie sofort etwas, falls Sie bemerken, dass irgendetwas mit dem Huf nicht in Ordnung ist.

Der Huf des Pferdes besteht aus drei Teilen – der Hufwand, der Sohle und dem Strahl. Die Hufwand besteht aus unempfindlichem Horn. Strahl und Sohle bestehen dagegen sowohl aus hornigen als auch aus empfindlichen Bereichen. Im Inneren setzt sich der Huf aus empfindlichem, fleischigem Gewebe sowie aus Blut und Nerven zusammen.

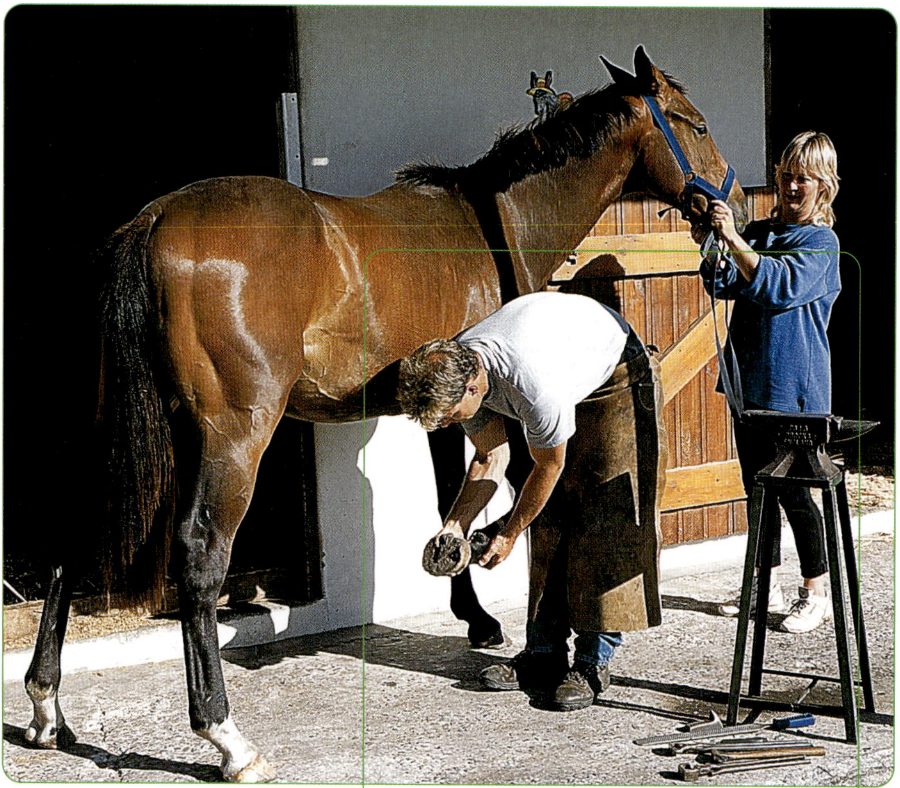

○ Der Hufschmied untersucht die Hufe des Pferdes, bevor er mit dem Beschlagen beginnt.

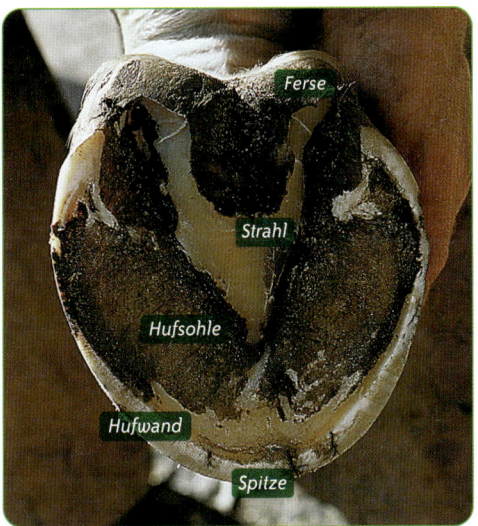

Ferse

Strahl

Hufsohle

Hufwand

Spitze

○ *Der Huf von unten betrachtet.*

Der Beschlag

Hufeisen schützen die Hufe, vor allem wenn das Pferd auf Straßen oder einem anderen harten Untergrund geritten wird. Darüber hinaus können sie durch zusätzliche Stollen die Haftung der Hufe auf dem Untergrund verbessern. Spezielle medizinische Hufeisen werden beispielsweise nach Verletzungen verwendet oder um einer anomalen Hufform entgegenzuwirken.

- Die Hufeisen sollten alle vier bis sechs Wochen erneuert werden, je nachdem, welche Arbeit das Pferd verrichtet und wie hart der Untergrund ist, auf dem es in der Regel geht.
- Prüfen Sie regelmäßig, ob die Eisen noch richtig sitzen. Schieben Sie die Spitze des Hufkratzers dazu vorsichtig zwischen Eisen und Huf. So erkennen Sie, ob ein Eisen noch gut anliegt. Wenn die Hufeisen noch fest sitzen, das Horn aber schon über die Ränder hinauswächst, kann der Hufschmied nach dem Beschneiden der Hufe die Eisen manchmal noch einmal verwenden.
- Wenn ein Pferd ein Eisen verliert, sollten Sie versuchen, es zu finden – vor allem, wenn der Beschlag noch nicht lange her ist.

Es gibt verschiedene Arten von Hufeisen, von dünnen Aluminiumhufeisen, die bei Pferderennen verwendet werden, bis zu schweren Eisen, die beispielsweise bei Kaltblütern eingesetzt werden. Lassen Sie sich von Ihrem Hufschmied beraten, welche Eisen am besten für Ihr Pferd geeignet sind.

Bei der traditionellen Methode, ein Pferd zu beschlagen, wird das Hufeisen aus einem heißen Stück Eisen geschmiedet und dem Huf des Pferdes angepasst. Viele Eisen werden heutzutage aber auch maschinell gefertigt.

Wenn der Huf auf dem Boden steht, sieht man die Hufwand, die wie ein Fingernagel von der Krone am oberen Hufrand nach unten wächst. An der Spitze ist die Hufwand am dicksten. Die Sohle ist aufgrund ihrer leicht nach innen gewölbten Form etwas geschützt, aber sie ist dünn und kann durch spitze Steine oder einen harten Untergrund verletzt werden. Der gummiartige Strahl ist ein natürlicher Stoßdämpfer und wirkt gleichzeitig wie eine rutschhemmende Unterlage. Er hat eine Kerbe in der Mitte, die für einen besseren Halt des Pferdes sorgt.

Unabhängig davon, in welcher Gangart das Pferd sich bewegt, sollte die Ferse stets zuerst auf dem Boden aufkommen, sodass sie zusammen mit dem Strahl den Großteil des Gewichts abfangen kann.

Wie Fingernägel wachsen die Hufe ständig nach. Es dauert zirka sechs Monate, bis eine Hufwand komplett nachgewachsen ist. Die Hufe müssen regelmäßig geschnitten werden, egal, ob das Pferd beschlagen ist oder nicht. Auf diese Weise verhindert man, dass sie einreißen.

In diesem Fall kommt der Hufschmied mit einem großen Sortiment zum Stall, wo er jeweils die passenden Eisen für das entsprechende Pferd auswählt. Die Eisen werden dann jeweils mit speziellen Hufnägeln an die unempfindliche Hufwand genagelt. Die hervorstehenden Spitzen der Hufnägel werden umgebogen, sodass natürliche Klammern entstehen. Danach werden alle rauen Ecken mit der Feile entfernt. Viele Hufschmiede verwenden Zehen- und Seitenkappen, um die Eisen noch stabiler am Huf zu befestigen.

Bei Ritten auf rutschigem Untergrund empfiehlt sich die Verwendung von Stollen. In diesem Fall verwendet man Hufeisen mit Stollenlöchern. Nach der Arbeit mit dem Pferd schraubt man die Stollen wieder heraus und setzt Schutzstöpsel, sogenannte Plugs, in die

Stollenlöcher ein. Man kann diese aber auch mit eingefetteter Watte zustopfen. Auf diese Weise kann kein Dreck ins Schraubgewinde eindringen.

Wenn ein Pferd beschlagen wurde, lässt man es am Führstrick antraben, damit der Hufschmied prüfen kann, ob es gleichmäßig geht und nicht lahmt. Tritt das Pferd nicht gleichmäßig auf, wird der Hufschmied das Problem sofort beheben.

Wenn ein Eisen sich gelockert hat, sollte es vom Hufschmied entfernt werden. Lassen Sie sich von ihm zeigen, wie man dies richtig macht, damit Sie dies im Notfall selbst erledigen können. Ein Eisen darf nie gewaltsam heruntergerissen werden. Zunächst biegt man die Kappen und Klammern um, dann zieht man das Eisen vorsichtig vom Huf ab.

○ *Unterschiedlich große Stollen, Plugs und Spezialwerkzeug zum Festschrauben und Entfernen der Stollen sowie zum Reinigen der Stollenlöcher.*

Der Kaltbeschlag

1. Der Hufschmied sieht sich den Huf genau an, bevor er mit der Arbeit beginnt. Dieses junge Pferd ist noch nie beschlagen worden.

2. Der Huf muss sauber sein, bevor man ihn beschlägt. Der Hufschmied entfernt Lehm und Dreck mit einem Hufkratzer.

3. Nun schneidet er den Huf aus. Danach feilt er ihn mit der Raspel, sodass der Huf eine ebene Oberfläche hat.

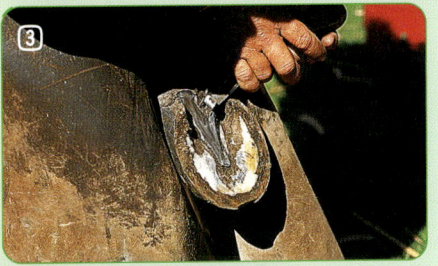

4. Der Hufschmied wählt ein Eisen, dessen Form, Größe und Gewicht sich für das Pferd eignet. Er nagelt es am Huf fest.

5. Die hervorstehenden Nagelenden werden umgebogen, sodass daraus Klammern entstehen. Danach werden alle rauen Ecken mit der Raspel weggefeilt.

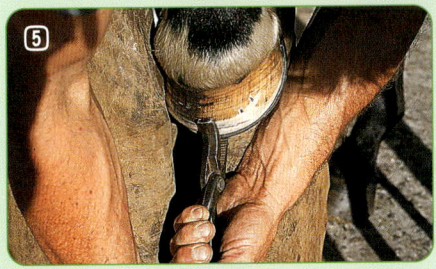

Der Heißbeschlag

① Beim Heißbeschlag wird das Eisen dem Huf angepasst. Während der Hufschmied die Hufe des Pferdes schneidet und raspelt, werden die Eisen in einem kleinen tragbaren Schmiedeofen erhitzt.

② Der Hufschmied legt das rot glühende Eisen auf den Huf des Pferdes auf. Die Brandmarkierungen zeigen, wo sich Eisen und Huf berühren und wo das Eisen noch nachgeformt beziehungsweise die Form des Hufes verändert werden muss.

③ Der Hufschmied bringt die heißen Eisen auf dem Amboss in die richtige Form, sodass sie alle gut sitzen.

④ Obwohl das Hufeisen glühend heiß ist, wenn es auf den Huf gelegt wird, verursacht dies keine Schmerzen für das Pferd.

◔ Nach dem Beschlagen lässt man das Pferd antraben, um zu prüfen, ob es einen gleichmäßigen Gang hat und die Eisen gut sitzen.

Sattelzeug *und* Ausrüstung

Es gibt unterschiedlichste Ausrüstungsartikel für Pferd und Reiter, und in der Regel hängt der individuelle Bedarf davon ab, wie und wo man sein Pferd hält und wie man es einsetzt. Neben dem üblichen Sattelzeug sollte jeder Pferdebesitzer über eine gute Erste-Hilfe-Ausrüstung (s. S. 171) für das Pferd sowie die grundlegende Ausstattung für einen Transport verfügen (s. S. 70–73).

Zur Grundausrüstung gehört natürlich auch alles, was man zum Putzen und für das allgemeine Wohlergehen des Tieres benötigt. In Geschäften für Pferde- und Reitbedarf findet man eine riesige Auswahl an Ausrüstungsartikeln: von zahlreichen Sätteln, Trensen, Halftern und Zügeln über Gebisse aus Metall, Gummi oder synthetischem Material bis zu Satteldecken, Pferdedecken, Gamaschen und Bandagen. Zudem gibt es unterschiedlichste Putzutensilien wie Kardätschen, Striegel, Kämme, Hufkratzer, verschiedene Huffette und -öle sowie Lederfette und -seifen zur Reinigung und Pflege des Sattelzeugs oder etwa Pferdeshampoos und -seifen.

Kaufen Sie zunächst nur die essenziellen Dinge und erweitern Sie Ihre Ausrüstung dann allmählich je nach Bedarf und Ihren finanziellen Möglichkeiten entsprechend.

○ *Viele erfahrene Reiter verwenden ein Kandarengebiss mit Unterlegtrense, um dem Pferd leichte, kaum sichtbare Hilfen zu geben.*

○ *Das Sattelzeug sollte regelmäßig gereinigt und gepflegt werden. So hält es nicht nur länger, sondern man erkennt auch, ob Reparaturen nötig sind.*

Sattel und der Sitz des Reiters

Der Reiter kann dem Pferd nur dann korrekte Hilfen geben, wenn er sicher im Sattel sitzt und weich mit den Bewegungen des Pferdes mitgeht. Es gibt im Wesentlichen drei grundlegende Satteltypen: Den Vielseitigkeitssattel, den Springsattel sowie den Dressursattel.

Es gibt zwei grundlegende Sitzpositionen: den üblichen Dressursitz, den man meistens beim Reiten einnimmt, und den sogenannten leichten Sitz, bei dem man sich in den Steigbügeln aufstellt und mit dem Oberkörper leicht nach vorne geht. Diesen Sitz kann man im Galopp im freien Gelände einnehmen. Auch beim Springen geht der Reiter mit der Bewegung des Pferdes mit und richtet sich während des Sprungs nach vorne. Ein richtiger Sitz ist wichtig für die Kommunikation mit dem Pferd.

Der Dressursitz

Der Grundsitz beim Reiten ist der Dressursitz. Man kann ihn auf einem Vielseitigkeitssattel oder einem Dressursattel einnehmen. Bei Dressursätteln liegt der Sitz allerdings in der Regel tiefer und die Beine hängen länger herab.

Im Dressursitz hat der Reiter eine aufrechte Position, sodass man theoretisch eine Linie von der Schulter über die Hüfte bis zur Ferse ziehen kann.

Teile des Sattels

Sattelkranz

Sattelrock

Sattelkopf

Sitzfläche

Satteldecke (Sattelpad)

Sattelpolster

Kniepauschen

Sattelblatt

Steigbügelriemen

Sattelgurt

Steigbügel

Trittfläche des Steigbügels

Gute Pferde und gute Reiter haben sehr unterschiedliche Größen. Sollte irgendjemand Ihnen daher gesagt haben, dass nur ein großer, schlanker Reiter eine elegante Figur auf dem Pferd abgeben kann, können Sie dies gleich wieder vergessen. Sicherlich ist es leichter für einen Reiter mit langen Armen und einem relativ kurzen Rücken, die Hände gleichmäßig unten zu halten, während es schwieriger ist, einen rundlichen Innenoberschenkel flach an den Sattel zu drücken, aber jeder kann mit dem entsprechenden Training seinen eigenen Körper bestmöglich einsetzen und ein guter, eleganter Reiter werden.

○ *Der traditionelle Dressursattel hat lange Sattelblätter, an denen die Beine des Reiters anliegen.*

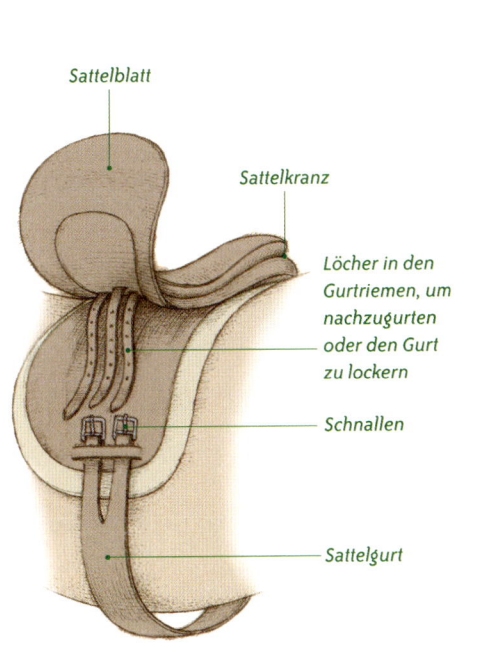

Sattelblatt

Sattelkranz

Löcher in den Gurtriemen, um nachzugurten oder den Gurt zu lockern

Schnallen

Sattelgurt

Beim Dressursitz sitzt man tief im Sattel, sodass sich das eigene Körpergewicht gleichmäßig auf die Gesäßknochen und die Oberschenkel verteilt, ohne dass die Muskeln dabei angespannt werden. Sobald man die Muskeln anspannt, erhöht sich die Sitzposition automatisch, sodass der Reiter „über" dem Pferd sitzt.

Der Oberkörper sollte gerade und die Schultern sollten entspannt sein. Der Kopf ist stolz erhoben und der Blick geradeaus gerichtet. Oberarme und Ellbogen liegen eng am Körper an. Die Unterarme hält man tief in der Nähe des Widerrists. Die Hände halten die Zügel. Sie sind zu lockeren Fäusten geformt, wobei die Daumen obenauf liegen. Presst man die Ellbogen gegen den Körper, werden die Hände unbeweglich. Hält man die Ellbogen dagegen zu weit vom Körper entfernt, werden Oberkörper, Arme und Hände unruhig.

Von der Seite betrachtet, sollten Gebiss, Zügel sowie Hand und Ellbogen eine gerade, ununterbrochene Linie bilden. Auf diese Weise hat der Reiter stets einen sanften Kontakt zum Maul des Pferdes und kann ihm leichte Hilfen mit den Zügeln geben.

O Sattelgurte werden aus verschiedenen Materialien gefertigt, von Synthetik über gepolstertes Material bis hin zu Leder.

Die Knie sind angewinkelt, sodass die Unterschenkel schräg nach hinten zeigen und am Körper des Pferdes anliegen. Die Fersen befinden sich hinter dem Sattelgurt und unter dem Schwerpunkt des Reiters. Die Oberschenkel liegen flach am Sattel an. Dreht man die Knie oder die Oberschenkel nach außen, führt dies zu einer Anspannung der Muskeln und zu einem instabilen Sitz.

Beim konventionellen Reitstil dürfen die Steigbügel nicht zu lang sein, da der Knieschluss dabei schwächer und der Halt des Reiters unsicherer wird. Zu kurze Steigbügel führen dagegen dazu, dass der Reiter zu tief im Sattel sitzt und die Unterschenkel zu weit nach vorne gestreckt und unbeweglich sind. Die Fußballen ruhen im Steigbügel, sodass die Fersen leicht nach unten gedrückt werden können. Die Zehen sind gerade nach vorne gerichtet. Bei einer korrekten Position absorbieren die Knie und Fußgelenke die Bewegungen des Pferdes.

Der Springsattel

Beim Springen und Ausreiten sowie bei der Ausbildung von jungen Pferden muss der Reiter sein Gewicht auf dem Rücken des Pferdes rasch reduzieren können. Bei einem Spring- sowie einem Vielseitigkeitssattel lassen sich die Steigbügel kürzer schnallen, sodass die Knie weiter vorne liegen und der Reiter sich leicht vom Sattel hochdrücken und nach vorne beugen kann.

O Der Springsattel hilft dem Reiter, mit der Vorwärtsbewegung des Pferdes beim Sprung mitzugehen. Die Kniepauschen sorgen auch bei diesem leichten Sattel für einen guten Halt des Reiters.

O Ein einfacher Sattelpad ist ideal für ein Pony.

Ein hochwertiger, gut auf dem Pferderücken liegender Sattel erhöht den Komfort für Pferd und Reiter.

Ein Pferd aufsatteln

Satteln Sie ein Pferd stets von der linken Seite aus. Wenn Sie eine Satteldecke oder einen Sattelpad verwenden, legen Sie diese zuerst etwas oberhalb des Widerrists auf den Rücken des Pferdes.

1 Heben Sie den Sattel über das Pferd. Die Steigbügel sollten dabei hochgezogen und der Sattelgurt (der an der rechten Seite befestigt ist) über den Sattel gelegt sein.

2 Legen Sie den Sattel nun sanft auf dem Rücken des Pferdes ab und ziehen Sie ihn zusammen mit der Decke in die richtige Position ein Stück nach hinten. Achten Sie darauf, dass die Decke flach und faltenlos auf dem Rücken aufliegt, bevor Sie den Sattelgurt auf der rechten Seite nach unten führen.

3+4 Kehren Sie auf die linke Seite des Pferdes zurück und ziehen Sie den Gurt nur so fest an, dass er den Sattel an seinem Platz hält.

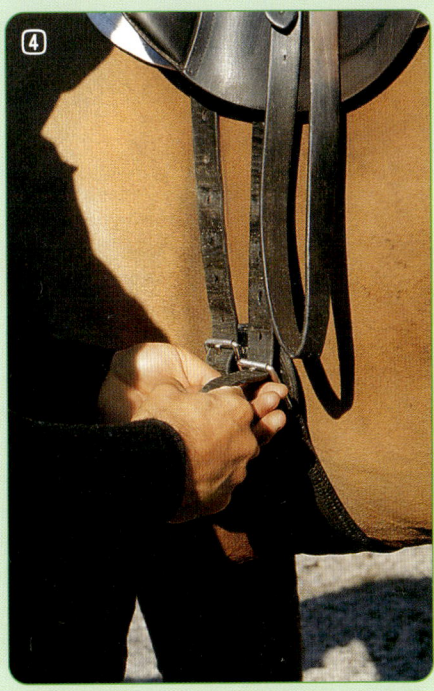

Bei einem korrekten Sitz des Sattels liegt der Sattelgurt zirka 10 cm hinter dem Ellbogen flach an.

Der Sattelgurt wird etwas später, bevor man aufsitzt, allmählich fester angezogen, aber es ist dem Pferd gegenüber nicht fair, ihn gleich stark anzuziehen, da ihm dies unangenehm sein und auch zum Sattelzwang führen kann.

Ausrüstung

Halfter

Ein Halfter ist in der Regel der erste Ausrüstungsgegenstand, mit dem ein Pferd in Berührung kommt. Es besteht aus Leder oder einem synthetischen Material, das leichter zu reinigen ist. Ein Halfter setzt sich normalerweise aus einem Nackenriemen, einem Nasenriemen, Backenstücken sowie einem Kehlriemen zusammen. Es wird dem Pferd über die Nase gestreift und mit dem Nackenriemen hinter den Ohren zugeschnallt. Ein einfaches Halfter kann aus miteinander verknoteten Stricken bestehen, die über die Nase und dann über die Ohren gestreift werden. An jedem Halfter lässt sich ein Strick befestigen, sodass man das Pferd führen oder anbinden kann.

Zaumzeuge und Gebisse

Es gibt sehr unterschiedliche Zaumzeuge. Sie sollten bei der Auswahl berücksichtigen, welche Arbeit Ihr Pferd damit verrichten soll. Bei Turnieren ist in der Regel vorgegeben, welche Zaumzeuge und Gebisse verwendet werden dürfen, daher sollten Sie sich vor einer Teilnahme genau darüber informieren.

Die Trense

Die meisten Reiter sollten damit beginnen, ihr Pferd mit einer einfachen Trense zu reiten. Die verschiedenen Trensen unterscheiden sich vorwiegend durch die unterschiedlichen Nasenriemen.

Verschiedene Nasenriemen

- Beim **Englischen Reithalfter** wird der einfachste Nasenriemen verwendet, der oberhalb des Gebisses um die Nase herum verläuft.
- Der **Sperrriemen** ist eine Erweiterung des Englischen Reithalfters, das einen zusätzlichen Riemen hat, der unterhalb des Gebisses verschnallt wird.
- **Hannoversche Reithalfter** werden unterhalb des Gebisses verschnallt und häufig bei stärkeren Pferden eingesetzt, um zu verhindern, dass sie ihr Maul öffnen und sich dem Gebiss entziehen. Der Nasenriemen sollte auf dem knochigen Teil des Nasenrückens liegen und darf die Atmung des Pferdes nicht beeinträchtigen.
- Das **Mexikanische Reithalfter** besteht aus zwei Riemen, die sich auf der Nase in einer kleinen Lederrosette kreuzen. Es wirkt ähnlich wie eine Trense mit Sperrriemen und wird gerne von Vielseitigkeitsreitern verwendet, um das Pferd beim Querfeldeinritt gut kontrollieren zu können.
- Das **Bügel-Reithalfter**, das mit einem Trensengebiss verwendet wird, eignet sich für Pferde, die extrem nach vorne ziehen. Es sollte allerdings nur von erfahrenen Reitern verwendet werden, da ein größerer Druck auf den empfindlichen Nasenrücken des Pferdes ausgeübt wird.

> Ein Pelham oder ein Kandarengebiss sollte ausschließlich mit einem Kappzaum (wie beim Englischen Reithalfter) verwendet werden. Und nur ein Kappzaum oder ein Sperrriemen darf in Verbindung mit einem stehenden Martingal eingesetzt werden, das den Kopf des Pferdes unten hält.

○ Ein klassisches Halfter

○ Trense mit einem Sperrriemen

○ Hannoversches Reithalfter

○ Mexikanisches Reithalfter

Der Kandarenzaum

Ein Kandarenzaum kann sich aus zwei Teilen zusammensetzen: einer Unterlegtrense und einem Kandarengebiss, die jeweils eine unterschiedliche Wirkung haben. In der Regel wird diese Kombination von erfahrenen Reitern bei der Dressur verwendet, um dem Pferd feinere Hilfen geben zu können. Sie sollte erst eingesetzt werden, wenn das Pferd dieses Zaumzeug, ohne sich dagegen zu wehren, akzeptiert. Unerfahrene Reiter sollten es nicht verwenden. Und auch bei jungen Pferden sollte es nicht eingesetzt werden.

Das Hackamore

Beim Hackamore handelt es sich um ein gebissloses Zaumzeug, das vorwiegend auf den Nasenrücken und die Kinngrube des Pferdes wirkt. Diese Bereiche sind sehr empfindlich und ein falscher Einsatz des Hackamores durch einen unerfahrenen Reiter kann dem Pferd große Schmerzen zufügen und es sogar ernsthaft verletzen.

Die Zügel bestehen in der Regel aus Leder. Sie können glatt, geflochten oder umflochten sein. Gummizügel setzen sich aus Gummi und Leder zusammen, um einen besseren Halt zu gewährleisten.

Die Teile der Trense

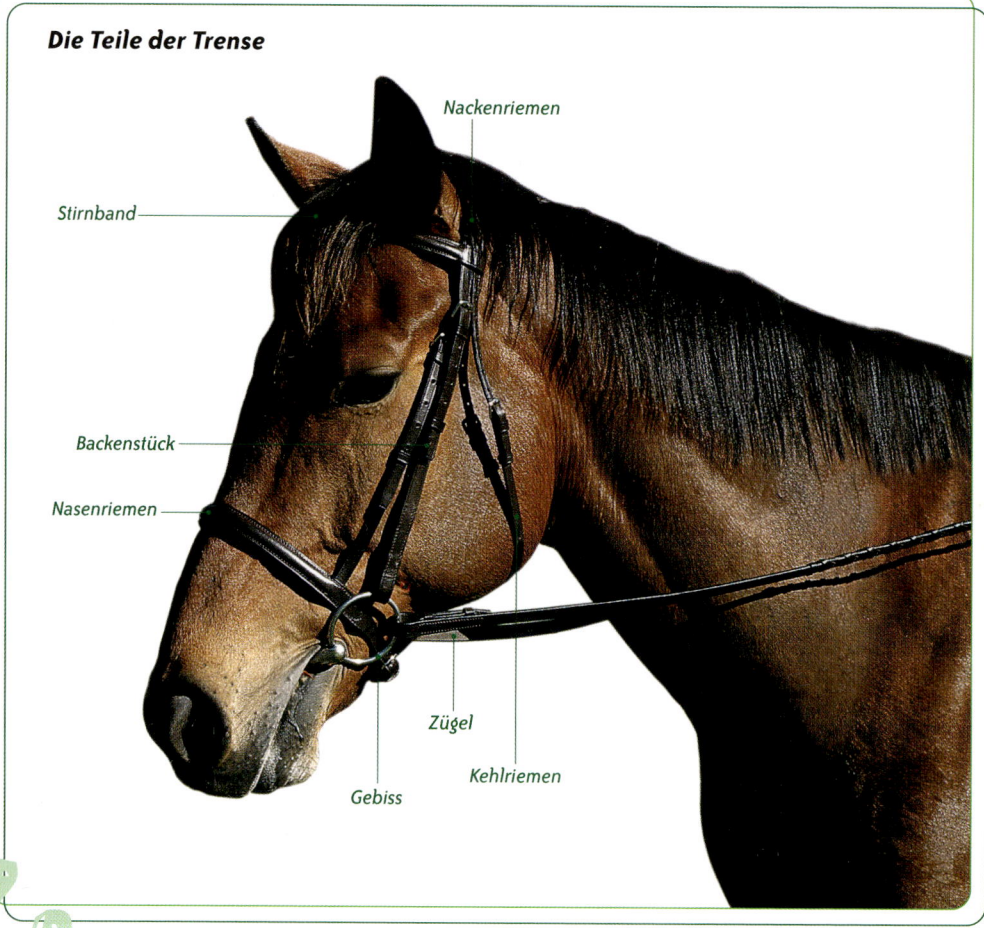

Nackenriemen

Stirnband

Backenstück

Nasenriemen

Zügel

Kehlriemen

Gebiss

Gebisse

Gebisse bestehen aus Edelstahl, unterschiedlichen Metallverbindungen sowie synthetischen Materialien oder Gummi. Wichtig ist, dass ein Gebiss gut sitzt und richtig eingesetzt wird. Ein dünnes Gebiss ist in der Regel schärfer als ein dickeres.

🔴 *Das Hackamore übt Druck auf den Nasenrücken und das Kinn aus.*

Das **Trensengebiss** wird am häufigsten verwendet. Es gibt verschiedene Typen, wie zum Beispiel das einfach gebrochene Trensengebiss. Dieses hat eine weiche, aber effektive Wirkung, vor allem auf die Lippen und die Mundwinkel. Das Olivenkopfgebiss hat weiche, unbewegliche Seitenelemente und wirkt ähnlich. Daher ist es für Pferde, die weich im Maul sind, sehr geeignet. Bei D-Ring-Trensen, auch Renntrensen genannt, sind die seitlichen Ringe nicht rund, sondern wie ein D geformt. D-Ring-Trensen sind ebenfalls einfach gebrochen. Manche Gebisse sind zweifach gebrochen, wie beispielsweise das Französische Trensengebiss. Sogenannte Aufziehtrensen ziehen den Kopf des Pferdes nach oben und werden manchmal eingesetzt, um schwierige oder sehr starke Pferde zu kontrollieren. Sie wirken auf das Genick sowie auf die Lippen, die Mundwinkel und die Zunge. Da sie sehr scharf sind, müssen sie sehr vorsichtig verwendet werden. Neben den gebrochenen Gebissen gibt es auch ungebrochene, die aus einem einzigen Element bestehen. Manche Pferde schaffen es allerdings, ihre Zunge von solchen Gebissen wegzuziehen oder sie darüberzuschieben, sodass es keine Wirkung mehr hat.

Beim **Pelham** sind Unterlegtrense und Kandarengebiss in einem Mundstück miteinander kombiniert. Am wirksamsten ist es, wenn es mit zwei Paar Zügeln eingesetzt wird. Das Kimblewick ist eine Variation des Pelhams, das mit einem Paar Zügel bedient wird.

Verschiedene Gebisstypen

Wassertrense,
doppelt gebrochen

Olivenkopftrense,
doppelt gebrochen

Französisches Trensengebiss,
doppelt gebrochen

Wassertrense, einfach gebrochen

D-Ring-Olivenkopftrense,
einfach gebrochen

D-Ring-Gummitrense

D-Ring-Trense Dr. Bristol

Knebeltrense,
doppelt gebrochen
(Dick Christian)

Gummi-Pelham

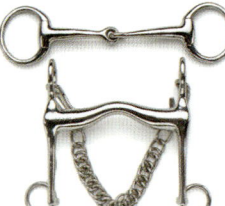
Kandarengebiss mit
Unterlegtrense

Zugtrense

Pessoa-Springgebiss

Knebeltrense mit
Gummistück

Plastikgebiss

Hackamore

Kimblewick (Pelham
mit einem Paar Zügel)

Gummi-Gebissstange

Pessoa-Wassertrense

Hilfszügel, Martingale, Longen, Vorderzeuge

Hilfszügel und Martingale verwendet man bei der Ausbildung und zum Longieren von Pferden.

Eine Longe wird an einem Ring am Nasenriemen eines Longier-Kappzaums befestigt. Dieser ist aus breiterem Leder gefertigt als andere Zaumzeuge und hat einen weich gepolsterten Nasenriemen.

Beim Longieren werden häufig auch Ausbinde- und Schlaufzügel verwendet. Wenn sie auf die richtige Länge eingestellt sind, unterstützen sie das Pferd dabei, Kopf und Hals niedriger zu halten, sodass es im Rücken weicher wird und schön rund geht.

Martingale setzt man ein, um das Pferd besser kontrollieren zu können. Sie verhindern, dass es den Kopf zu hoch hält oder nach oben wirft. Ein gleitendes Martingal wird am Sattelgurt befestigt, läuft zwischen den Vorderbeinen hindurch und endet in einer Gabel mit zwei Ringen, durch die die Zügel geführt werden. Ein stehendes Martingal wird am Nasenriemen eines Englischen Reithalfters befestigt. Bei einem gleitenden Martingal ist das Pferd in seiner Bewegungsfreiheit nicht so stark eingeschränkt wie beim stehenden Martingal. Ein Irisches Martingal verhindert, dass die Zügel über den Kopf des Pferdes rutschen.

Das sogenannte Vorderzeug ist eine Art Brustgeschirr, das am Sattel befestigt wird und verhindert, dass dieser nach hinten rutscht. Es wird von Vielseitigkeits- sowie von Springreitern verwendet.

Ein Pferd auftrensen

- Die Trense muss dem Kopf des Pferdes zunächst richtig angepasst werden, bevor man es auftrenst. Nähern Sie sich dem Pferd von links und legen Sie ihm vorsichtig die Zügel über den Hals. Nehmen Sie ihm dann das Halfter ab und legen Sie Ihre rechte Hand auf seine Nase. Nehmen Sie die Trense dann in die rechte Hand.

- Bringen Sie das Gebiss mit der linken Hand nun direkt unter das Maul des Pferdes (①).

- Wenn Sie mit dem Daumen einen leichten Druck auf den Mundwinkel des Pferdes ausüben, wird es sein Maul öffnen. Schieben Sie das Gebiss hinein, ohne damit gegen die Zähne des Pferdes zu schlagen. Dann führen Sie den Nackenriemen über die Ohren (ein Ohr nach dem anderen!).

- Achten Sie darauf, dass kein Teil der Mähne im Leder eingeklemmt ist und das Gebiss gut im Maul liegt. Verschnallen Sie dann den Kehlriemen (②) (es sollte eine Handbreit Platz zwischen Kehlriemen und Hals bleiben) und danach Nasenriemen sowie, falls vorhanden, den Sperrriemen (③).

- Bei einem Englischen Reithalfter sollte der Nasenriemen einen Fingerbreit unter dem Wangenknochen des Pferdes liegen (ein Finger sollte zwischen Riemen und Nasenrücken passen). Bei einem Hannoverschen Reithalfter sollte der Nasenriemen vier Fingerbreit über den Nüstern liegen und so verschnallt werden, dass das Pferd seinen Kiefer nicht zu stark hin- und herschieben, aber noch gut bewegen kann.

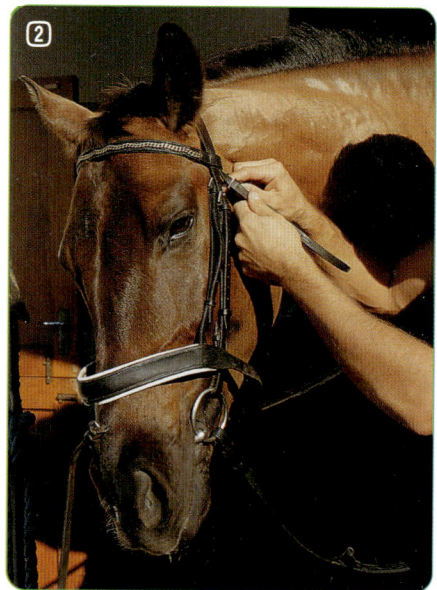

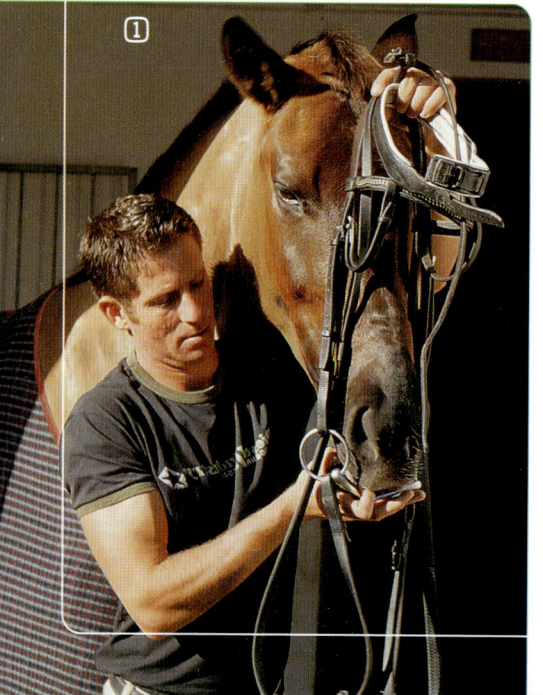

Zusätzlicher Schutz

Beine: Gamaschen

Streichkappen werden bei allen vier Beinen eingesetzt, um sie bei der Arbeit oder auf der Koppel zu schützen. Sie sind in der Regel auf der Innenseite gefüttert.

- **Fesselkopfgamaschen** schützen die Fesselköpfe der Hinterbeine und werden in der Regel bei Springturnieren verwendet.
- **Sehnenschoner** schützen die empfindlichen Sehnen. Bei Springturnieren verwendet man Sehnenschoner, die vorne offen sind, bei den Vorderbeinen.

- **Springglocken** schützen den Kronenbereich und die Fersengegend, vor allem beim Springen oder Longieren. In der Regel bestehen sie aus Gummi oder Plastik und werden über die Vorderhufe gezogen. Teilweise sind sie auch mit Schnallen ausgestattet.
- **Kronengamaschen** erfüllen einen ähnlichen Zweck wie Springglocken, allerdings bedecken sie auch den unteren Bereich des Fesselkopfes.
- **Transportgamaschen** sind lang und dick gepolstert. Sie schützen den Bereich von den Sprunggelenken beziehungsweise den Knien bis über den Kronenrand. Sie sollten gut sitzen, aber nicht zu fest angezogen sein oder Druck ausüben. Alle Verschlüsse sollten außen liegen, sodass die Strippenspitzen nach hinten zeigen.

Beinschützer

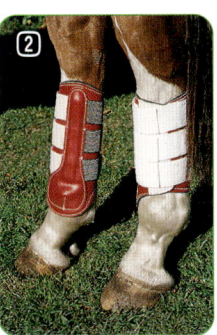

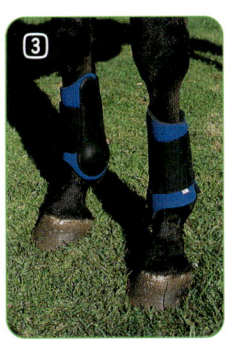

① *Lederstreichkappen mit Riemen und Schnallen*

② *Farbige Streichkappen mit Klettverschlüssen*

③ *Sehnenschoner sind an der Rückseite mit einer schützenden Polsterung versehen.*

④ *Transportgamaschen schützen die Beine gegen Schläge während eines Transports.*

⑤ *Knieschützer schützen die Knie während eines Transports.*

⑥ *Ein Gummiring wird verwendet, wenn die Beine des Pferdes beim Gehen so gegeneinanderschlagen, dass die Kronen verletzt werden könnten.*

Bandagen

Bandagen werden zum Schutz der Beine während der Arbeit eingesetzt – vor allem bei der Dressur und Querfeldeinritten. Sie müssen stets gleichmäßig angelegt werden und dürfen nicht zu locker oder zu fest sitzen, damit sie sich nicht lösen oder das Blut im Bein nicht abgeschnitten wird und keine Druckstellen entstehen. Unerfahrene Reiter verwenden daher manchmal lieber Gamaschen, da sie leichter anzulegen sind. Transportbandagen sind breiter und dicker. Sie werden über eine dicke Polsterschicht gewickelt und mit Klebeband fixiert.

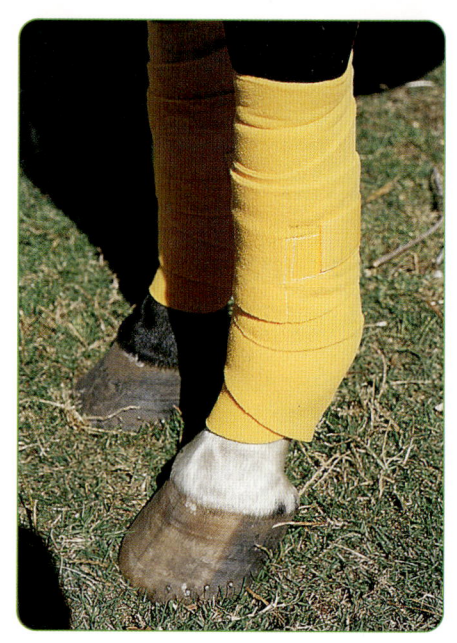

● *Stallbandagen können bei Verletzungen eingesetzt werden, um bei Transporten für zusätzliche Wärme zu sorgen.*

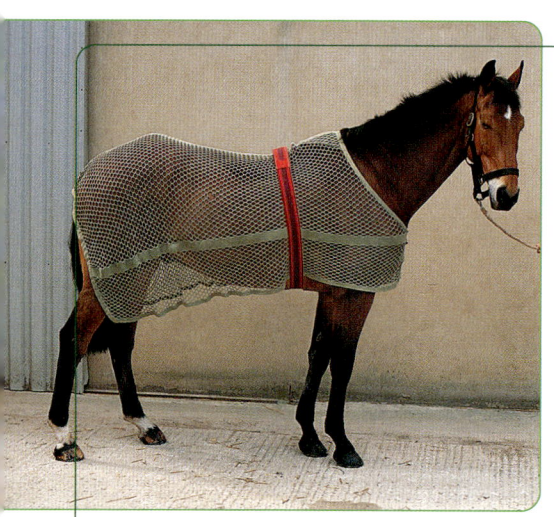

● *Abschwitzdecke*

● *Fliegen- oder Sommerdecke mit dazu passendem Fliegenhalfter*

Pferdedecken

Es gibt viele unterschiedliche Pferdedecken, die zu verschiedenen Zwecken eingesetzt werden. Grundsätzlich sollte man Decken mit gesundem Menschenverstand verwenden, da manche Pferde sie gar nicht, andere dagegen dringend benötigen – wie beispielsweise geschorene Pferde, die bei der Arbeit geschwitzt haben und bei kalten Temperaturen wieder trocken werden müssen. Die meisten Pferdebesitzer kommen mit zwei bis drei Decken aus.

- **Gesteppte Stalldecken** können tagsüber sowie nachts verwendet werden. Sie sind unterschiedlich schwer und werden mit Kreuzgurten, die unter dem Bauch des Pferdes verlaufen, befestigt.
- **Neuseelanddecken** können bei jedem Wetter auf der Koppel oder dem Paddock verwendet werden. Sie halten das Pferd nicht nur sauber und trocken, sondern schützen geschorene Pferde auch bei kalten Temperaturen. Diese Decken bestehen in der Regel aus Nylon oder Segeltuch.
- **Tagesdecken** werden traditionell aus Wolle gefertigt. In der Regel setzt man sie bei Turnieren ein, um Pferde an kalten Tagen während der Wartezeiten warm zu halten.
- **Abschwitzdecken** bestehen aus einem absorbierenden Material und werden so eingesetzt wie Tagesdecken. Außerdem werden sie nach der Arbeit zum Abkühlen oder bei Transporten verwendet.
- **Sommerdecken** bestehen aus Baumwolle oder anderen leichten Materialien. Sie werden bei wärmeren Temperaturen eingesetzt, um das Pferd sauber zu halten, ohne es zu wärmen.
- **Trainingsdecken** liegen unter dem Sattel und halten das Pferd bei leichter Arbeit warm. Sie bestehen aus Wolle oder Wasser abweisendem Material.

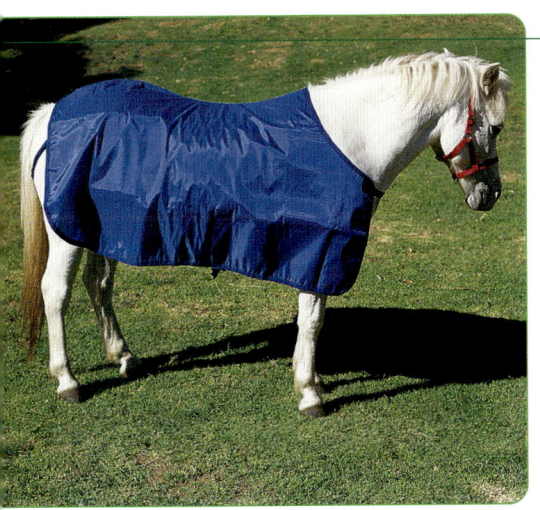

Eine leichte, wasserfeste Regendecke

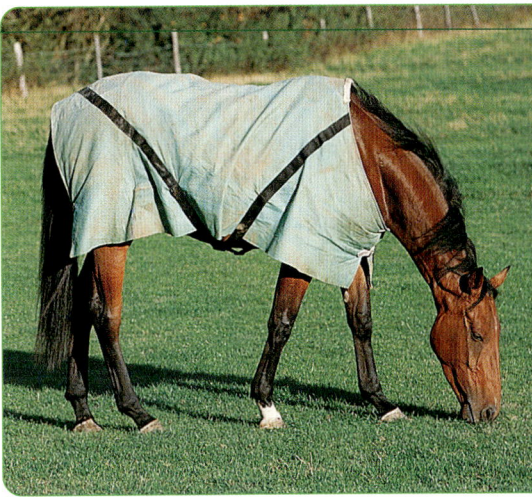

Eine Neuseelanddecke

Ein Pferd eindecken

Die modernen leichten Decken erleichtern im Vergleich zu früher zwar das Eindecken, aber trotzdem sollte man sehr behutsam vorgehen, da ein Pferd schnell erschrecken kann, wenn die Decke unkontrolliert gegen seinen Körper schlägt.

Legen Sie die zusammengefaltete Decke etwas weiter vorne über den Widerrist des Pferdes, als sie später liegen soll (1). Ziehen Sie sie dann vorsichtig der Länge nach über den Rücken (2). Prüfen Sie, ob die Decke richtig und faltenfrei liegt (3), und schnallen Sie die Kreuzgurte beziehungsweise den Bauchgurt fest, bevor Sie die Decke vorne zuschnallen (4).

Binden Sie das Pferd beim Eindecken stets an, da es schnell panisch reagieren könnte, wenn es plötzlich losrennen und die Decke dabei verrutschen würde. Vor allem, wenn lediglich die vordere Schnalle geschlossen ist, kann es zu schweren Unfällen kommen.

Manchmal werden auch separate Deckengurte zum Befestigen verwendet. Sie liegen auf dem Rücken, unmittelbar hinter dem Widerrist. Sie sollten so festgeschnallt sein, dass die Decke nicht verrutschen kann. Gleichzeitig dürfen sie nicht zu eng gezogen werden, damit das Pferd sich nicht unwohl fühlt.

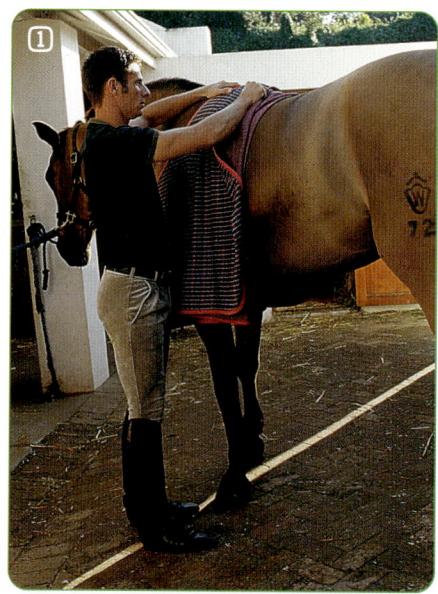

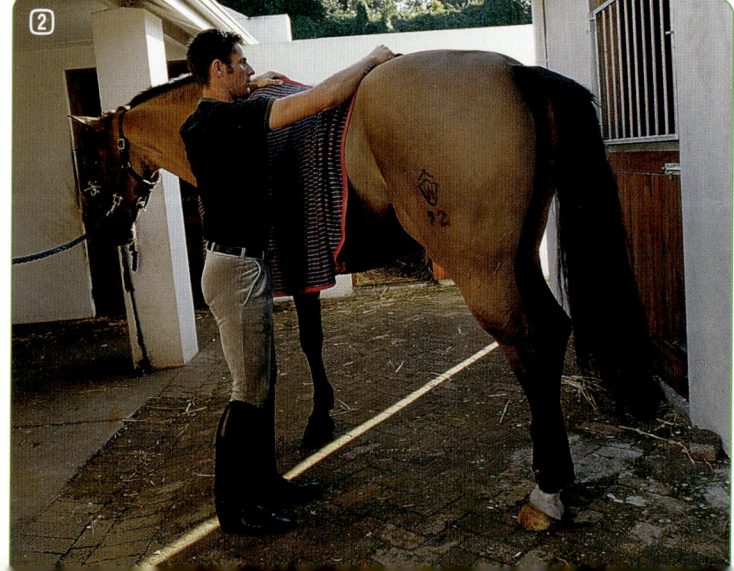

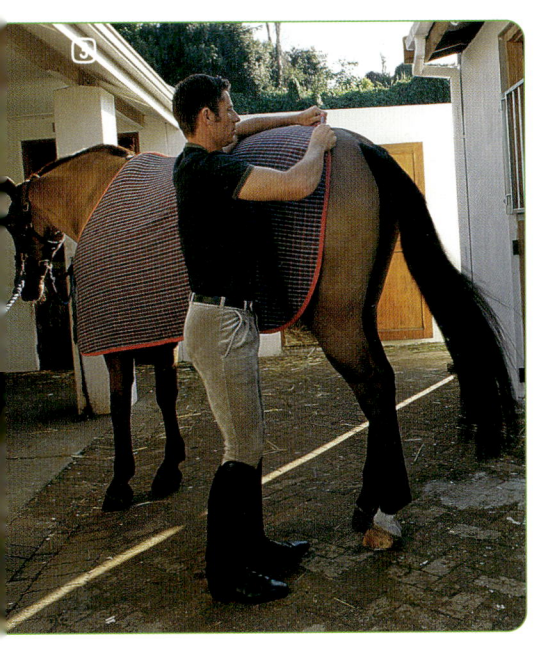 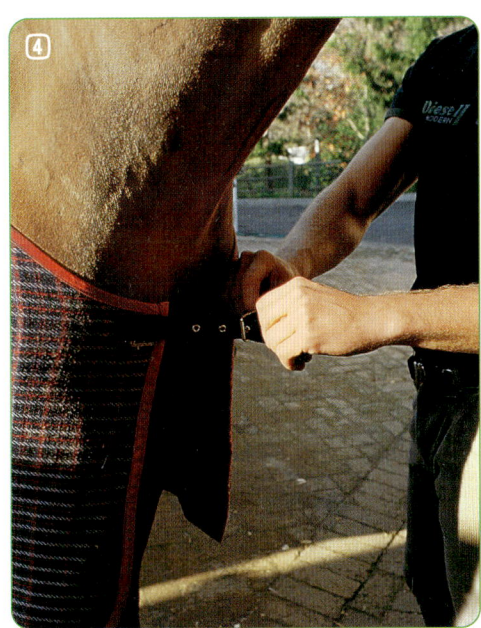

O Baumwolldecken werden in
heißen Ländern verwendet, um die
Pferde vor der Sonne zu schützen.

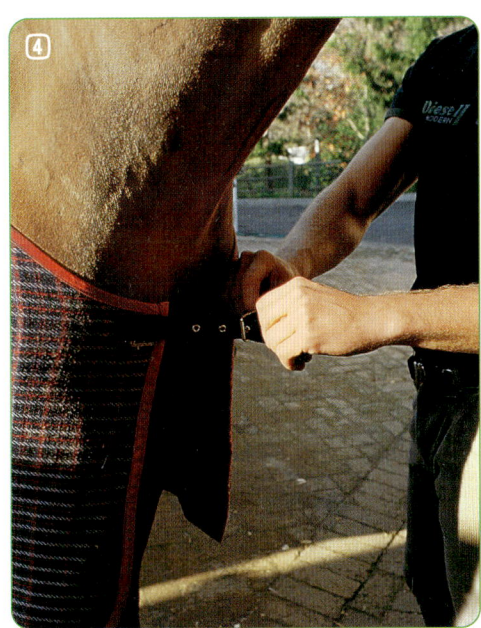

Der richtige Umgang mit dem Pferd

Pferde sind körperlich sehr stark. Daher sollte man stets achtsam mit ihnen umgehen. Bewegen Sie sich in der Nähe eines Pferdes immer ruhig und langsam. Sprechen Sie mit fester und gleichzeitig freundlicher Stimme zu ihm und vermeiden Sie unbedingt, zu schreien oder sich aggressiv zu verhalten, egal wie frustriert oder verärgert Sie auch sein mögen. Mit Freundlichkeit und Geduld fördern Sie die guten Eigenschaften des Pferdes am besten. Durch einen unsensiblen Umgang erreichen Sie nur das Gegenteil.

Wenn Sie den Stall betreten, sollten Sie Ihre Stimme einsetzen, damit das Pferd weiß, dass Sie da sind. Strecken Sie ihm Ihre Hand entgegen, damit es Sie beschnuppern kann. Streichen Sie ihm fest mit der Hand über den Hals und die Schulter, ohne es zu klopfen, und vermeiden Sie es, ihm direkt in die Augen zu sehen. Die meisten Pferde beschnuppern die Hand eines Menschen, um sich mit seinem Duft vertraut zu machen. Es sind neugierige Tiere, die sich in der Regel nicht vom Menschen abwenden, es sei denn, sie haben Angst oder sind aus irgendeinem Grund aggressiv. Wenn ein Pferd Ihnen sein Hinterteil zudreht, sollten Sie möglichst schnell aus der Bahn gehen, da es rasch ausschlagen könnte.

Wenn Sie sich dem Pferd auf der Koppel nähern, sollten Sie stets schräg von vorne auf seine Schulter zugehen und zu ihm sprechen, bevor Sie es berühren – so, wie Sie es auch im Stall tun. Grundsätzlich sollten Sie nie direkt vor oder hinter einem Pferd stehen, vor allem dann nicht, wenn sie sein Verhalten nicht kennen.

○ *Reitschüler profitieren von einem professionellen Unterricht auf gut ausgebildeten Schulpferden.*

○ *Eine Gruppe von Reitern und ihre Pferde genießen gemeinsam einen Ausritt an einem kühlen, nebligen Morgen.*

Auf- und Absitzen

Ein gut ausgebildetes Pferd sollte stets ruhig stehen bleiben, während der Reiter auf- und absitzt.

Wenn Sie die Steigbügel herunterziehen oder den Sattelgurt festziehen (diesen sollten Sie stets vor dem Aufsitzen überprüfen), sollten Sie das Pferd festhalten, selbst wenn die Zügel über seinen Hals gelegt sind. Führen Sie dazu einen Arm durch den Zügel. Pferde, die frei herumlaufen, können sich selbst und andere gefährden.

Stellen Sie die Steigbügel auf die richtige Länge ein. Strecken Sie dazu den Arm in Richtung Sattel aus und legen Sie den Steigbügel der Länge nach an. Wenn er bis zur Ihrer Achsel reicht, stimmt die Länge in der Regel.

Aufsitzen:

1. Sie stehen auf der linken Seite des Pferdes mit Ihrem Rücken in Richtung seines Kopfes. Halten Sie die Zügel in der linken Hand und legen Sie diese auf den Hals oder vorne auf den Sattel. Drehen Sie den Steigbügel mit der rechten Hand zu sich nach außen. Nun steigen Sie mit dem Fußballen in den Steigbügel.

2. Greifen Sie mit der rechten Hand nach dem Sattel und schwingen Sie sich dann hinauf, indem Sie sich mit dem rechten Fuß vom Boden abstoßen.

Aufsitzen

Absitzen

3 Während Sie das rechte Bein schwungvoll, aber vorsichtig über den Sattel bewegen, sollten Sie darauf achten, das Pferd nicht zu treten.

4 Lassen Sie sich sanft im Sattel nieder, schlüpfen Sie mit dem rechten Fuß in den zweiten Steigbügel und nehmen Sie die Zügel mit beiden Händen auf.

Diese Bewegung sollte fließend in einem Schwung durchgeführt werden und erfordert etwas Übung. Sie können zum Aufsitzen natürlich auch auf einen kleinen Hocker oder eine andere Erhöhung steigen oder sich von jemandem in den Sattel helfen lassen. Das ist schonender für Ihren Rücken und auch für den Sattel.

Absitzen:

1 Halten Sie die Zügel in der linken Hand, legen Sie diese auf den Hals des Pferdes und nehmen Sie die Füße aus den Steigbügeln.

2 Schwingen Sie Ihr rechtes Bein nun vorsichtig über den Rücken des Pferdes.

3 + 4 Bei dieser Bewegung drehen Sie Ihren Körper gleichzeitig zum Pferd hin und lassen sich dann fließend und sanft zu Boden gleiten.

Dieser Bewegungsablauf klingt zwar wie eine komplizierte Turnübung, aber er ist nicht sehr schwer, und mit etwas Übung werden Sie ihn bald mühelos beherrschen.

Reittechniken

Ihre erste Reitstunde sollte im Idealfall an der Longe stattfinden. Ihr Reitlehrer kontrolliert das Pferd, das sich auf einem großen Zirkel um ihn herum bewegt, mit der Stimme, der Longe und einer Longierpeitsche. Als Anfänger können Sie sich so in den verschiedenen Gangarten voll und ganz auf Ihren Sitz konzentrieren. Sobald Sie sicher auf dem Pferd sitzen, können Sie lernen, wie Sie einem Pferd verschiedene Hilfen geben und es kontrollieren – am besten zusammen mit anderen Reitschülern, im Rahmen von Reitstunden.

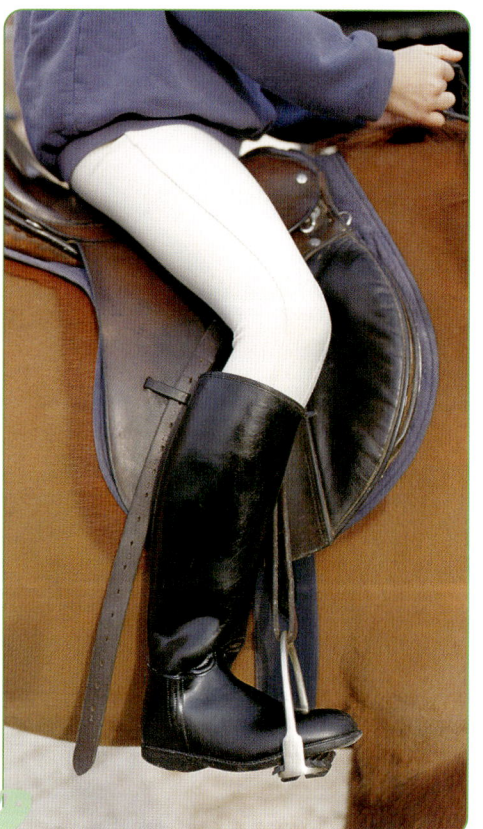

Das Pferd steuern

Man steuert ein Pferd über verschiedene Signale, die als „Hilfen" bezeichnet werden. Der Reiter wirkt mithilfe seines Sitzes (beziehungsweise seines Gewichts) sowie mit Zügel- und Schenkelhilfen auf das Pferd ein. Im Idealfall reagiert das Pferd sofort auf alle Hilfen. Natürlich muss es sie dafür bereits gelernt haben. Grundsätzlich sollte man bei der Anwendung von Hilfen Folgendes beachten: Wenn man das Pferd auf eine intensivere Weise zu einer bestimmten Aktion auffordern muss, sollte man ihm, sobald es richtig reagiert hat, die gleiche Hilfe noch einmal geben, dieses Mal allerdings weniger intensiv. So erreicht man, dass es sensibler wird und immer besser auf Hilfen reagiert.

Schenkelhilfen

- Man kann sie einsetzen, um das Pferd vorwärtszutreiben und seitlich gehen zu lassen sowie um an seinen Gängen und Bewegungen zu arbeiten.
- Um das Pferd vorwärtszutreiben, übt man kurz hinter dem Sattelgurt einen Druck mit dem Unterschenkel aus. Sobald das Pferd darauf reagiert, nimmt man den Druck weg, wobei der Schenkel stets im Kontakt mit dem Körper des Pferdes bleibt.
- Um das Pferd seitlich zu bewegen, führt man das äußere Bein etwas hinter den Sattelgurt und übt hier einen Schenkeldruck aus, solange das Pferd die Bewegung ausführen soll. Das innere Bein (es befindet sich auf der Seite, in die das Pferd sich bewegt) reguliert die Biegung des Pferdes bei allen Seitwärtsbewegungen sowie Wendungen und Zirkeln. Außerdem sorgt es für den Impuls, der das Pferd vorwärtstreibt.

Mit Schenkelhilfen treibt man das Pferd vorwärts sowie seitwärts und reguliert seine Gänge. Der Unterschenkel sollte ständig im Kontakt mit dem Pferd sein.

Zügelhilfen

- Sie werden zusammen mit den Schenkel- und Gewichtshilfen gegeben. Man setzt sie ein, um das Pferd auf etwas aufmerksam zu machen, es in eine Richtung zu lenken sowie um es zu bremsen.
- Eine Zügelhilfe gibt man, wenn das Pferd langsamer gehen soll. Sobald das Pferd reagiert, muss man ihm etwas mehr Zügel geben, damit es sofort ungehindert in der neuen Geschwindigkeit weitergehen kann.
- Wenn man das Pferd bremsen möchte, schließt man die Finger fest um die Zügel, nimmt sie an und setzt sich im Sattel zurück, anstatt weiterhin mit den Bewegungen des Pferdes mitzugehen. Wenn das Pferd nicht sofort reagiert, sollte man nicht ständig an den Zügeln ziehen, sondern abwechselnd eine Parade geben und wieder nachlassen, da sich das Pferd sonst gegen die Zügel sperren wird.
- Eine Zügelhilfe wird auch angewendet, wenn das Pferd die Richtung ändern soll. Der innere Zügel wird dabei nachgegeben, während man die Biegung des Pferdes mit der äußeren Hand kontrolliert. Falsch wäre es, am inneren Zügel zu ziehen, da man so den Kontakt zum Pferd verliert. Es würde lediglich den Hals biegen und man hätte keine Kontrolle mehr über die Hinterhand.
- Wenn das Pferd vor oder nach der Arbeit am langen Zügel gehen soll, damit es seinen Hals und Kopf senken und in einer entspannteren Position halten kann, muss der Reiter ihm entsprechend viel Zügel geben. Beim Schritt setzt ein Pferd seinen Kopf und Hals stärker ein als bei den anderen Gangarten. Daher sollte der Reiter die Vorwärtsbewegung nicht durch zu stark aufgenommene Zügel blockieren.

○ *Die Zügel laufen bei beiden Händen zwischen Ringfinger und kleinem Finger sowie zwischen Zeigefinger und Daumen hindurch. Der Daumen liegt obenauf.*

Gewichtshilfen

- gibt man, indem man sein Gewicht auf einem oder beiden Gesäßknochen entweder reduziert oder verstärkt. Nur wenn der Reiter bei jeder Bewegung des Pferdes stabil im Gleichgewicht sitzt und einen guten Halt hat, kann er diese Hilfen gezielt einsetzen.
- Bei Übergängen in eine niedrigere Gangart werden Hilfen wie beispielsweise halbe Paraden (damit fordert man das Pferd auf, langsamer zu werden) durch das leicht nach hinten verlagerte Gewicht des Reiters unterstützt. Beim Wechsel in eine höhere Gangart verlagert er sein Gewicht dagegen etwas nach vorne und fördert somit den Vorwärtsdrang des Pferdes.
- Bei Seitengängen sorgt die Gewichtsverlagerung des Reiters dafür, dass das Pferd mit der Hinterhand seitlich weiter untertreten kann. Der Reiter verlagert sein Gewicht bei der Traversale leicht auf den inneren Gesäßknochen, also in die Richtung, in die das Pferd sich bewegen soll, damit dieses sein äußeres Hinterbein weiter nach innen unter seinen Körper setzen kann.

Ein gutes Gefühl für das Pferd entwickeln

- Eine wichtige Voraussetzung für eine harmonische und von gegenseitigem Vertrauen geprägte Beziehung ist ein gutes Gefühl des Reiters für sein Pferd. Es ist sehr hilfreich, wenn der Reiter potenzielle Gefahren bereits im Vorfeld erkennt und darauf reagiert, bevor sie zum Problem werden. Außerdem sollte er wissen, ob sein Pferd sich in einer bestimmten Situation widersetzen wird oder ob es nervös und unsicher reagiert.

- Sind Pferd und Reiter ein gut eingespieltes Team, scheint es fast so, als würde der Reiter gar nichts tun, während das Pferd ausgeglichen wirkt, brillante Leistungen erbringt und eine harmonische Einheit mit dem Reiter bildet. Um diesen Zustand zu erreichen, müssen Pferd und Reiter gut ausgebildet sein. Der Reiter sollte über ein gutes Konzentrations- und Reaktionsvermögen verfügen, die Reaktion des Pferdes aufmerksam wahrnehmen und ein gutes Gefühl für seine Bewegungen haben.

Der Kontakt zum Pferd

- Ein Reiter mit einem guten Gefühl für sein Pferd erlaubt ihm zwischendurch immer wieder, Kopf, Hals und Maul zu entspannen. Gleichzeitig bewahrt er den Kontakt zum Gebiss über die Zügel.
- Es gibt drei grundlegende Zügelpositionen. Wenn das Pferd „am Zügel geht", besteht eine ständige weiche Verbindung zwischen dem Maul des Pferdes und den Händen des Reiters, und das Pferd akzeptiert die Zügelhilfen ohne Widerstand. Geht das Pferd „am langen Zügel", trägt es Kopf und Hals in einer natürlicheren, nicht so stark gebogenen Position. Der Reiter spürt nur noch eine leichte Anlehnung der Zügel. Lässt er die Zügel dagegen ganz locker, gibt er sie dem Pferd völlig hin und hat keinen Kontakt mehr zum Maul.

Reiten ist nichts anderes als die Kunst der Kommunikation zwischen Pferd und Reiter. Eine gute Ausbildung sowie eine gewisse Erfahrung und Koordinationsfähigkeit führen letztlich zu einer guten Partnerschaft und großer Harmonie.

Reithilfen und korrekter Sitz

Der Reiter sollte mit erhobenem Kopf geradeaus schauen.

Er sitzt mit geradem Rücken aufrecht im Sattel, wobei der Oberkörper nicht angespannt sein darf.

Die Arme sind angewinkelt, sodass eine gerade Linie vom Gebiss über die Zügel und die Unterarme bis zu den Ellbogen entsteht.

Das Gesäß sitzt tief im Sattel. Das Gewicht verteilt sich gleichmäßig auf beide Gesäßknochen.

Die Knie sind leicht angewinkelt und entspannt. Sie sollten nicht eingesetzt werden, um sich am Sattel festzuklammern.

Vom Knie abwärts liegen die Beine, leicht schräg nach hinten abgewinkelt, flach am Pferdekörper an.

Die Fußballen ruhen in den Steigbügeln. Sie sollten sich unter dem Schwerpunkt des Reiters befinden.

Schritt

Der Schritt ist eine Gangart, die aus vier Takten besteht. Jedes Bein bewegt sich dabei nacheinander. Beim Schritt bleibt der Reiter aufrecht im Sattel sitzen, sodass Schulter, Hüfte und Ferse eine gerade Linie bilden. Der untere Rückenbereich sowie die Hüften und Unterarme sind entspannt und gehen locker mit den Bewegungen des Pferdes mit. Im Schritt setzt das Pferd Kopf und Hals stärker ein als bei den anderen Gangarten. Wenn der Reiter dies verhindert, kann er den Rhythmus beeinträchtigen. Die Reiterin auf dem Foto könnte die Zügel etwas lockerer lassen.

Trab

Der Trab setzt sich aus zwei Takten zusammen. Die Beine des Pferdes bewegen sich dabei in diagonalen Paaren. Beim Leichttraben hebt der Reiter sich im Takt leicht aus dem Sattel heraus und lässt sich beim nächsten Taktschlag wieder hineinsinken. Beim Aussitzen muss sein Körper die Bewegungen des Pferdes dagegen abfangen. Das Pferd auf dem Foto hält den Kopf etwas zu weit hinten. Würde die Reiterin ein paar Takte leichttraben und die Hände tiefer halten, könnte das Pferd etwas freier traben und seinen Hals ein bisschen mehr strecken.

Handgalopp

Diese Gangart besteht aus drei Takten. Die Beine bewegen sich dabei in folgender Reihenfolge: Außen hinten, innen hinten, außen vorne, innen vorne, gefolgt von einem Moment, in dem alle Beine in der Luft sind, bevor der Ablauf sich wiederholt. Der Reiter sitzt in der klassischen Position aufrecht im Sattel und geht weich mit den Bewegungen des Pferdes mit. Während einer Ausbildungsstunde wird das Pferd einen Handgalopp zwischendurch sehr genießen und danach mit neuem Elan mitarbeiten.

Renngalopp

Um in diesem schnellen Tempo zu reiten, muss man einen sicheren Sitz haben. Die Steigbügel sollten etwas kürzer geschnallt werden, damit man besser in den leichten Sitz gehen kann. Dabei stellt man sich etwas in den Steigbügeln auf und verlagert den Oberkörper leicht nach vorne. Die Fersen bleiben unten und die Unterschenkel bleiben ebenfalls in ihrer gewohnten Position. Wichtig ist auch, dass die Hände ruhig auf dem Hals des Pferdes ruhen.

Die Regeln auf dem Reitplatz

Bevor Sie mit Ihrem Pferd eine Reithalle betreten, müssen Sie stets laut das Kommando „Tür frei" rufen, damit die anderen Reiter den Eingangsbereich freimachen können und es zu keinen Zusammenstößen kommt. Wenn Sie die Halle wieder verlassen, kündigen Sie dies auf die gleiche Weise an, da die anderen nicht ahnen können, was Sie vorhaben. Oft sind sie sehr auf die Arbeit mit ihrem Pferd konzentriert und achten nicht so sehr auf die anderen Reiter.

Wenn Sie beim Betreten einer Reitbahn bereits auf dem Pferd sitzen, sollten Sie sich zunächst zur Mittellinie oder ins Zentrum eines Zirkels begeben, falls Sie den Sattelgurt oder die Steigbügel verstellen möchten. Auch wenn Sie erst auf dem Platz aufsitzen möchten, führen Sie Ihr Pferd in die Mitte. Halten Sie im Schritt ebenfalls stets den ersten (= äußeren) Hufschlag für trabende oder galoppierende Pferde frei und lassen Sie Ihr Pferd auf dem zweiten Hufschlag gehen. Wenn viele Pferde auf dem Platz sind, führen Sie Übergänge von einer schnellen Gangart zum Schritt oder Halt ebenfalls auf dem zweiten Hufschlag durch.

🔘 *Reiter haben den Reitplatz nicht immer allein zur Verfügung, daher ist es wichtig, dass jeder die Regeln kennt.*

🔘 *Üben Sie mit anderen Reitern, jeweils links aneinander vorbeizugehen.*

○ *Bei gutem Wetter kann man die Reitstunde auch auf einem Reitplatz oder einer Wiese abhalten.*

Andere Reiter auf dem Reitplatz zu überholen ist nicht nur unhöflich, sondern häufig auch gefährlich. Wenn Sie schneller sind als Ihr Vordermann, sollten Sie auf den nächsten Zirkel gehen und sich von dort aus vor dem anderen Reiter auf den Hufschlag begeben, anstatt hinter ihm auszuscheren und sich dann direkt vor ihn zu setzen. Halten Sie stets mindestens eine Pferdelänge Abstand zu Ihrem Vordermann. Wenn sich zwei Reiter von vorne begegnen, da einer auf der rechten und der andere auf der linken Hand geht, gilt stets, dass sie jeweils auf der linken Seite aneinander vorbeireiten. Wenn Sie also auf der rechten Hand reiten, müssen Sie mit Ihrem Pferd auf den zweiten Hufschlag ausweichen, um den entgegenkommenden Reiter zu passieren, da der Reiter auf der linken Hand Vorfahrt hat. Danach kehren Sie auf den ersten Hufschlag zurück. Reiter auf dem ersten Hufschlag haben ebenfalls Vorfahrt gegenüber Reitern auf einem Zirkel, die auf den zweiten Hufschlag ausweichen müssen.

Bahnfiguren

Klassische Bahnfiguren sind die Basis von Dressurprüfungen und helfen Anfängern dabei, exakt zu reiten. Die Reitplätze sind in der Regel mit Bahnpunkten markiert. Die Buchstaben A und C bezeichnen den Eingang und das Ende der Reitbahn, B und E markieren die Mitte auf den Längsseiten. Plätze mit einer Größe von 20 x 40 m sind auf den Längsseiten überdies mit den Buchstaben M, F, K und H versehen. Dazu kommen die unsichtbaren Markierungen D, G und X (s. Abbildung S. 139).

Die Hand wechseln

Der Wortlaut der einzelnen Bahnfiguren ist genau festgelegt. So wechselt man in der Reitbahn zum Beispiel „die Hand" und nicht etwa „die Richtung". Bei der Figur „Durch die ganze Bahn wechseln" durchquert der Reiter die Bahn auf gerader Linie vom Wechselpunkt F oder H (wenn er auf der linken Hand reitet) beziehungsweise K oder M (wenn er auf der rechten Hand reitet) und erreicht die Bahn beim Wechselpunkt vor der jeweils diagonal gegenüberliegenden Ecke. Falls er sich gerade im Leichttrab befindet, sitzt er beim Punkt X zweimal aus und vollzieht somit den Handwechsel. Zudem nimmt er die Gerte in die andere Hand. Diese wird immer auf der Innenseite gehalten.

Eine weitere Möglichkeit, die Hand zu wechseln, ist das Reiten der Bahnfigur „Aus der Ecke kehrt". Auf der linken Hand beginnt sie bei K oder M, auf der rechten Hand bei F oder H. Man reitet eine halbe Volte in die Ecke, sodass man die Mittellinie erreicht. Dann hält man gerade auf den Buchstaben E beziehungsweise B zu, um wieder auf den Hufschlag zu gelangen.

○ *Pferd und Reiter müssen viel trainieren, um die grundlegenden Dressurübungen mühelos zu beherrschen.*

Auf dem Zirkel reiten

Dies ist eine gute Übung für Reitanfänger, da das Pferd sich dabei schön biegen muss und gleichzeitig seine Balance und seinen Rhythmus aufrechterhalten sollte. Der Durchmesser eines Zirkels lässt sich leicht mithilfe der Buchstaben auf der Bahn bestimmen, da die Hälfte des Zirkels durch die kurze Seite der Bahn gekennzeichnet ist. Wenn der Reitlehrer Ihnen die Anweisung gibt „Auf dem Zirkel geritten" und Sie sich gerade beim Buchstaben A befinden, wissen Sie, dass der Zirkel bis zum Buchstaben X reicht. Wenn auf dem Mittelzirkel im Zentrum des Reitplatzes geritten wird, reicht er bis zu den Buchstaben E und B an den Längsseiten. Man kann Zirkel allerdings auch mit einem kleineren Durchmesser reiten. Ganz kleine Zirkel nennt man Volten. Sie werden nur mit gut ausgebildeten Pferden durchgeführt, da eine größere Versammlung nötig ist, um sie korrekt auszuführen.

Schlangenlinien durch die ganze Bahn

Bei dieser Figur wechselt man zwischen den langen Seiten hin und her. Man beginnt an der kurzen Seite, durchreitet die nächste Ecke, wendet dann parallel zur kurzen Seite ab und reitet auf die gegenüberliegende lange Seite zu. Beim Überqueren der Mittellinie führt man einen Handwechsel aus. Hat man die andere Seite der Bahn erreicht, reitet man einen Bogen und kehrt wieder zur Anfangsseite zurück. Man kann Schlangenlinien mit drei bis sieben Bögen ausführen.

○ Der Dressurplatz ist mit einer Reihe von Bahnpunkten markiert, die Orientierungshilfen beim Reiten von Bahnfiguren bieten.

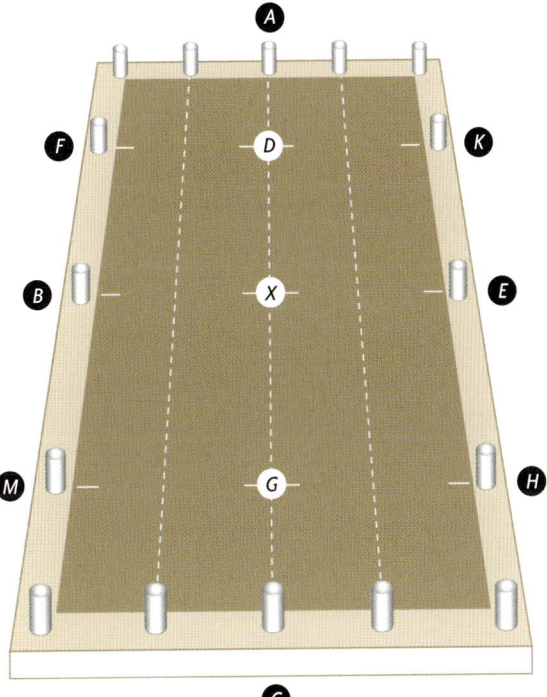

Ausreiten

Erst wenn ein junges Pferd stets kontrollierbar ist und seinen Reiter akzeptiert, kann man Ausritte mit ihm unternehmen. Ebenso müssen Reitanfänger sicher im Sattel sitzen und in der Lage sein, ein Pferd auf dem Reitplatz zu kontrollieren, bevor sie ausreiten können. Wichtig ist überdies, dass unerfahrene Reiter auf ruhigen, ausgeglichenen Pferden sowie in Begleitung mindestens eines anderen Reiters ins Gelände gehen. In einer Gruppe sollte jeweils ein erfahrener Reiter an der Spitze und am Ende gehen. Sie sollten darauf achten, dass die Dauer des Ritts, das Tempo und die generellen Anforderungen auf die Fähigkeiten der Teilnehmer abgestimmt sind.

Vor jedem Ausritt muss das Sattelzeug gründlich auf abgenützte Stellen kontrolliert werden. Alle Reiter sollten eine gut passende Reitkappe tragen.

Falls der erste Teil des Ritts durch ein belebtes Gebiet führt, empfiehlt es sich, das Pferd zunächst eine Weile auf dem Platz zu bewegen, damit es sich entspannt und aufmerksamer auf den Reiter reagiert. Auch unerfahrene Reiter können sich dabei entspannen und besser auf ihr Pferd einstimmen.

Grundsätzlich sollte man auf asphaltierten Straßen immer im Schritt gehen. Auf Straßen, die man gut kennt, kann man kurze Abschnitte auch in einem kontrollierten Trab zurücklegen. Wenn ein Pferd auf einem harten Untergrund zu schnell geritten wird, kann es allerdings zu Beinverletzungen kommen. Darüber hinaus besteht die Gefahr, dass das Pferd ausrutscht. Nicht nur nasse Straßen können glatt sein. Auch Ölrückstände lassen die Oberfläche sehr schlüpfrig werden.

○ *Ausritte sind eine gesellige Erfahrung, aber Anfänger sollten stets von erfahrenen Reitern begleitet werden.*

An Autos, Radfahrern, Fußgängern und anderen Reitern geht man stets im Schritt vorbei. Sobald sich ein Fahrzeug nähert, verlangsamt man das Tempo ebenfalls zum Schritt. Nicht alle Straßenbenutzer sind an Reiter und Pferde auf öffentlichen Straßen gewohnt oder gut auf sie zu sprechen. Daher ist es sehr wichtig, dass man ihnen stets freundlich begegnet. So sollte man sich bei einem Autofahrer, der sein Tempo gedrosselt hat und in einem großen Bogen an einem vorbeigefahren ist, mit einem freundlichen Gruß bedanken und durch das eigene besonnene Verhalten zum guten Ruf von Reitern auf öffentlichen Straßen beitragen.

Fährt ein Autofahrer langsam an Ihnen vorbei und erhält zum Dank dafür nichts als einen unfreundlichen Gesichtsausdruck, wird er beim nächsten Mal möglicherweise nicht mehr so umsichtig reagieren. Heben Sie daher freundlich die Hand als Zeichen des Dankes und schenken Sie ihm ein freundliches Lächeln. Auf diese Weise gewinnt man Autofahrer am ehesten für sich.

Richtungs- und Geschwindigkeitswechsel werden auf Ausritten mit Handsignalen angekündigt. Der Reiter an der Spitze der Gruppe streckt seinen Arm seitlich nach rechts oder links aus, um zu signalisieren, dass er abbiegen möchte. Wenn das Tempo reduziert werden soll oder man Verkehrsteilnehmer dazu auffordern möchte, langsamer zu fahren, hebt und senkt man einen ausgestreckten Arm. Wenn die Gruppe beispielsweise an einer Ampel anhalten soll, hebt der Reiter an der Spitze so lange einen Arm, bis alle Pferde zum Stehen gekommen sind.

⊙ Auf einem harten Untergrund sollte man nie galoppieren, da dies den Beinen des Pferdes schaden kann. Auf nassen oder ölverschmutzten Straßen erhöht sich bei schnellen Gangarten zudem das Risiko auszurutschen.

Auf viel befahrenen Straßen sollten Reiter in einer Reihe hintereinander herreiten. Auf ruhigeren Straßen und auf Feldwegen können auch zwei Pferde nebeneinander gehen.

Galoppieren sollte man nur auf geeigneten Wegen oder an Feld- und Wiesenrändern. Vorher geht man lange genug abwechselnd im Schritt und Trab, damit das Pferd warm wird und nicht mehr ganz frisch und somit weniger übermütig ist. Wenn man in einer Gruppe galoppiert, ist es am sichersten, hintereinanderzubleiben. Der Reiter an der Spitze kontrolliert dabei umsichtig das Tempo, damit unerfahrene Reiter nicht überfordert werden.

Verursacht man bei einem Ausritt irgendeinen Schaden, sollte man dies so schnell wie möglich melden. Bauern, die Reitern erlauben, am Rand ihrer Felder entlangzureiten, werden bald nicht mehr damit einverstanden sein, wenn Pferde mit ihren Reitern durchgehen und einen Schaden auf dem Feld oder an Zäunen und Gattern anrichten.

Selbstverständlich sollte man auf Wegen, die mit dem Schild „Reiten verboten" markiert sind, nicht reiten, auch wenn sie noch so verlockend aussehen. Auf Fußwegen sollte man stets darauf vorbereitet sein, aus einer schnelleren Gangart rasch zum Schritt abzubremsen, wenn man Spaziergängern, Joggern oder Radfahrern begegnet.

Gegen Ende des Ausritts geht man eine Weile im Schritt, damit das Pferd abkühlen kann, bevor es wieder in den Stall kommt.

Grundsätzlich ist bei Ritten im Gelände nicht nur wichtig, dass man sein Pferd unter Kontrolle hat, sondern dass man auch aufmerksam auf andere Faktoren achtet, die einen reibungslosen Ablauf beeinträchtigen könnten. So sollte man die Geschwindigkeit und Dauer des Ausritts sowie die Strecke auf die Wetterbedingungen abstimmen und dem Können und der Erfahrung der teilnehmenden Reiter und Pferde anpassen. Einige unerfahrene Reiter können schnell von Dingen überfordert sein, die für erfahrene Reiter selbstverständlich sind.

Ausritte können einen großen Erholungswert bieten. Sie sollen Spaß machen und Reitern die Möglichkeit geben, ihr Pferd auf entspannte Weise kennenzulernen und eine vertrauensvolle Beziehung zu ihm aufzubauen. Wenn man die genannten Grundregeln beachtet, wird man dieses Ziel gewiss erreichen und viele schöne Erlebnisse mit seinem Pferd haben.

○ Man sollte sich stets bei Autofahrern bedanken, die in einem langsamen Tempo an einem vorbeifahren.

○ Während des Ausritts kann man ausgiebig traben und galoppieren. Aber am Ende des Ritts sollte man stets eine Weile Schritt gehen, damit das Pferd abkühlen kann.

Tore öffnen und schließen

Tore sollten immer wieder sicher geschlossen werden, wenn der Reiter sie passiert hat. In einer Gruppe ist der letzte Reiter dafür zuständig. Ein Tor vom Pferd aus zu öffnen und zu schließen erfordert etwas Übung, aber es gibt eine spezielle Technik, mit der man es am besten schafft.

Nähern Sie sich dem Tor so, dass der Körper des Pferdes mehr oder weniger parallel zum Tor steht. Der Kopf befindet sich beim Riegel. Nehmen Sie beide Zügel und die Gerte in die äußere Hand und öffnen Sie den Riegel mit der anderen Hand. Dann drücken Sie das Tor so weit auf, dass das Pferd, ohne sich zu stoßen, hindurchgehen kann. Die Hand bleibt dabei beim Tor, damit es sich nicht zu weit öffnet und Sie es wieder schließen können. Dafür muss das Pferd etwas vorwärts gehen. Wenn die Hinterhand die Öffnung passiert hat, bleiben Sie stehen und machen eine halbe Vorhandwendung, indem Sie mit Ihrem inneren Bein hinter dem Sattelgurt Druck ausüben. Der Kopf des Pferdes ist nun beim Tor und Sie können es mit der neuen inneren Hand schließen, nachdem Sie Zügel und Gerte in die andere Hand genommen haben. Der Ablauf klingt vielleicht etwas kompliziert, lässt sich aber mit ein bisschen Übung rasch meistern. Verlassen Sie sich nie darauf, dass ein Tor von alleine offen bleibt. Ein zurückschwingendes Gatter kann zu Verletzungen führen.

◖ Mit etwas Geduld und Übung wird das Öffnen von Toren rasch zur Routine.

Bei einem Sturz richtig reagieren

○ Wenn ein Sturz sich nicht vermeiden lässt, sollten Sie versuchen, die Zügel festzuhalten und am Boden über Ihre Schulter abzurollen.

Früher oder später stürzt jeder Reiter einmal von seinem Pferd. Die meisten Stürze laufen glimpflich ab, aber um das Schlimmste zu vermeiden, sollten Sie einige Hinweise beachten. So können Sie das Verletzungsrisiko für sich und Ihr Pferd minimieren.

Wichtig ist, in Situationen, in denen Sie nervös sind oder sich unsicher fühlen, das Tempo zu reduzieren und gegebenenfalls aus einer Gruppe auszuscheren, damit die anderen Reiter an Ihnen vorbeireiten können. Wenn Sie Ihr Pferd bremsen, lässt es sich in der Regel besser kontrollieren, und wenn Sie aus einer Reihe von Reitern ausscheren, können Sie einen Unfall eher vermeiden, da Sie einfach „aus dem Weg" sind und es nicht so leicht zu einer Kollision kommt.

Falls Sie vom Pferd fallen, etwa, weil es stolpert, sollten Sie versuchen, seitlich von ihm zu landen und über Ihre Schulter abzurollen. Wenn Sie nicht verletzt sind, stehen Sie so rasch wie möglich auf. Falls es Ihnen gelungen ist, die Zügel festzuhalten, sollte das Pferd ruhig dastehen. Wenn Sie die Zügel losgelassen haben, müssen Sie es möglicherweise erst wieder einfangen. Wenn Sie vom Pferd gefallen sind, weil es gestolpert ist, sollten Sie prüfen, ob seine Beine unversehrt sind, und es möglicherweise kurz neben sich antraben lassen, bevor Sie wieder aufsitzen und Ihren Ritt fortsetzen.

Besonnenheit im Gelände

Bei Ritten im Gelände sollten Anfänger stets von erfahrenen Reitern begleitet werden, die vorausreiten und den anderen zeigen, wie beispielsweise Hindernisse sicher und überlegt überwunden werden können.

Sobald ein Reiter ein Pferd im Gelände sicher kontrollieren kann, sollte er sich mit verschiedenen Bereichen vertraut machen. So könnten ihn seine Ausritte beispielsweise auf Hügel und durch Wälder führen. Ein weiterer Schritt besteht darin zu lernen, Gräben oder Bäche zu überwinden. Jeder neue Bereich wird zunächst im Schritt erkundet, bevor man ihn eventuell im Trab oder Galopp passiert. Das Reiten in hügeligem Gelände erfordert einen sicheren Sitz und ein gutes Gleichgewichtsgefühl. Wenn man einen steilen Hügel oder Abhang hinauf- oder hinunterreitet, nimmt man den leichten Sitz ein, um das eigene Gewicht etwas aus dem Sattel zu verlagern.

Auch auf einem sehr weichen, torfigen Untergrund geht man in den leichten Sitz, um den Rücken des Pferdes zu entlasten. Wenn das Pferd einsinkt, ist es besser, abzusteigen und es zu führen. Dies gilt auch auf vereisten Straßen. Meiden Sie bei solchen Bedingungen stark abschüssige Straßen, da das Pferd hier leicht den Halt verlieren und ausrutschen könnte.

Bäche oder Gräben müssen an Stellen durchquert werden, bei denen der Untergrund fest und das Wasser nicht zu tief ist. Wenn Sie das Gelände nicht kennen, sollten Sie absteigen und genau prüfen, ob eine Durchquerung sicher ist. Bei Ritten durch einen Wald muss man sich manchmal weit hinunterbeugen, um Ästen auszuweichen. Seien Sie hier besonders aufmerksam und vorausschauend.

○ *Ein Ausflug ins Gelände gehört zu den schönsten Erfahrungen beim Reiten.*

Großen Spaß kann es im Gelände machen, über natürliche Hindernisse wie etwa Baumstämme, Gräben und Steinmauern zu springen. Allerdings muss man das Springen hierfür bereits intensiv auf dem Reitplatz geübt haben und es sicher beherrschen. Wichtig ist zudem, nur über solche Hindernisse zu springen, die nicht höher sind als diejenigen, die man auf dem Platz bereits mühelos gemeistert hat. Bevor man den Sprung ausführt, sollte man prüfen, ob das Hindernis scharfe Kanten hat und ob das Pferd auf der anderen Seite sicher landen kann.

Wenn man sich entschließt, mit dem Pferd über ein natürliches Hindernis zu springen, sollte man entschlossen und zuversichtlich in einem geeigneten Tempo darauf zureiten. Dann wird das geübte Pferd es in der Regel, ohne zu zögern, überwinden. Wenn man sich dagegen unsicher fühlt, ist es besser, nach Möglichkeit um das Hindernis herumzureiten.

Distanzritte

Unter diesen Begriff fallen alle Ritte von der Dauer eines Tages, in der Umgebung des eigenen Zuhauses, bis zu wochenlangen Ritten an unterschiedlichen Orten. Tages- oder Wochenendritte sind eine gute Möglichkeit, eine neue Gegend vom Pferderücken aus zu erkunden. Man kann entweder sein eigenes Pferd im Anhänger zu Freunden bringen, die es beherbergen, oder einen organisierten Tagesritt in einer ganz anderen Gegend buchen. Es kann auch sehr viel Spaß machen, im Rahmen eines Distanzrittes einige Sehenswürdigkeiten eines anderen Landes zu besichtigen.

In jedem Fall geht einem Distanzritt eine sorgfältige Planung voraus. Auch die eigenen Fähigkeiten sowie die des Pferdes sollte man richtig einschätzen können.

Bevor man einen Distanzritt plant, müssen Pferd und Reiter gut trainiert sein. Häufige ausgedehnte Ausritte, vor allem mit langen Trabstrecken, bauen die nötige Ausdauer allmählich auf.

Da die Reiter manchmal absitzen müssen, um ihr Pferd beispielsweise auf besonders steilen Passagen zu führen, sind bequeme Schuhe und geeignete Kleidung ein Muss.

Die gesamte Ausrüstung muss perfekt in Schuss sein, da man unterwegs nur sehr begrenzte Möglichkeiten haben wird, etwas zu reparieren. Möglicherweise benötigt man auch Satteltaschen, um Proviant und einige wichtige Ausrüstungsgegenstände zu verstauen.

Bei vielen organisierten Distanzritten wird das Gepäck des Reiters zwar zur nächsten Übernachtungsstation gebracht, doch in der Regel benötigt man tagsüber häufig einen zusätzlichen warmen Pullover, Regenzeug, eine Erste-Hilfe-Ausrüstung oder ein Sonnenschutzmittel. Manchmal ist es auch erforderlich, Wasser und Futter für das Pferd mitzunehmen. Vor einem Distanzritt sollte man sein Pferd von einem Tierarzt untersuchen lassen. Auch der Zustand der Hufe und des Beschlags muss vorher genau geprüft werden.

Achten Sie stets darauf, Ihr Pferd und sich selbst nicht zu überfordern. (Manche Tagesstrecken lassen sich gut in kürzere Distanzen unterteilen.) Dann werden Sie sich jeden Morgen frisch fühlen und bereit für den nächsten Abschnitt sein.

◔ *Die Hüte der Reiter auf dem Foto bieten zwar einen guten Schutz gegen die Sonne, aber als Anfänger sollte man stets eine Reitkappe tragen.*

○ *Reiter auf einer Safari im Okavangodelta können Tiere in freier Wildbahn aus nächster Nähe beobachten.*

Trekking-Touren

Trekking-Touren sind in den USA schon lange sehr populär und mittlerweile werden sie auf der ganzen Welt immer beliebter. Jedes Jahr kommen zahlreiche Angebote in neuen Ländern hinzu. Beim Pferde-Trekking legt eine Gruppe von Reitern jeden Tag einen bestimmten Abschnitt zurück und übernachtet dann in einer Pferdestation, die auf dem Weg liegt. Die meisten Organisatoren verwenden große Mühe darauf, interessante Strecken durch landschaftlich reizvolle Gegenden für die Reiter zu erschließen.

Eine Übernachtungsstation kann ein Zeltlager sein, ein Bauernhaus oder etwa eine Blockhütte. In den meisten Fällen sind die Unterkünfte sehr komfortabel. Häufig werden auch Mahlzeiten für die Reiter zubereitet, sodass diese sich am Ende des Tages wunderbar entspannen können.

Die meisten Organisatoren von Trekking-Touren stellen Pferde zur Verfügung. Reiter, die ihr eigenes Pferd mitbringen möchten, sollten sich daher rechtzeitig erkundigen, ob dies möglich ist. Die Leiter von Trekking-Touren bemühen sich, geeignete Pferde für die Reiter auszuwählen. Seien Sie daher ehrlich, wenn es um Ihre eigenen reiterlichen Fähigkeiten geht, sonst tun Sie sich keinen Gefallen. Um am besten von einem solchen Urlaub zu Pferde profitieren zu können, sollte man ein gewisses Grundniveau erreicht haben. Überdies muss man körperlich fit und ausdauernd genug sein, um mehrere Stunden im Sattel zu sitzen. Sind diese Voraussetzungen erfüllt, bieten sich zahlreiche Möglichkeiten, an unterschiedlichsten, überaus attraktiven Touren auf der ganzen Welt teilzunehmen.

Ob Sie lernen wollen, eine Rinderherde zu treiben, historische Städte besichtigen möchten oder von einem Schloss zum nächsten ziehen möchten, Sie haben die Wahl!

Ein gesundes Pferd ist ein glückliches Pferd. Sorgen Sie stets
dafür, dass es sich wohlfühlt.

Die Gesundheit des Pferdes

Das allgemeine Verhalten eines Pferdes gibt in der Regel darüber Aufschluss, wie es ihm geht. Es sollte stets aufmerksam sein und sich dafür interessieren, was in seiner Umgebung geschieht. Die Augen sind bei einem gesunden Pferd klar und nicht verklebt. Die Innenseite der Nüstern und Lippen sowie das Zahnfleisch sind lachsfarben. Lässt das Pferd den Kopf tief hängen, geht es ihm wahrscheinlich schlecht. Das Fell sollte glänzen, nicht zu trocken sein und keine kahlen Stellen oder Beulen haben. Wenn Sie feststellen, dass die Beine dick und geschwollen sind oder sich heiß anfühlen, sollten Sie sofort den Tierarzt rufen.

Der Mist eines Pferdes sollte eine grünliche bis goldbraune Farbe haben und zerfallen, wenn er auf dem Boden aufkommt. Pferde lassen täglich acht bis zehn Haufen fallen. Sind es weniger, könnte eine Verstopfung vorliegen. Zu dunkler Urin oder Probleme beim Wasserlassen können ebenfalls Anzeichen für eine Erkrankung sein. Und wenn das Pferd keinen Appetit mehr hat und kein Wasser mehr trinken mag, ist das ein deutliches Signal dafür, dass etwas nicht in Ordnung ist.

○ Pferde sollten ein glänzendes Fell haben und insgesamt einen gesunden Eindruck machen.

Achten Sie stets auch auf die Temperatur, die Atmung und den Puls Ihres Pferdes. Dann werden Sie schnell ein Gefühl dafür entwickeln, wann diese im normalen Bereich sind. Um die Temperatur Ihres Pferdes zu messen, tragen Sie etwas Vaseline auf den vorderen Teil eines speziellen Fieberthermometers für Pferde auf, heben den Schweif und führen das Thermometer ins Rektum ein. Stellen Sie sich dabei seitlich neben das Hinterteil des Pferdes. Wenn Sie das Gefühl haben, dass es ausschlagen könnte, bitten Sie eine zweite Person, einen Vorderfuß aufzuheben. Halten Sie das Thermometer ein bis zwei Minuten lang gegen die Wand des Rektums. Die normale Temperatur liegt zwischen 37,5 und 38 Grad Celsius.

Die Pulsfrequenz beträgt in Ruhe 36 bis 42 Schläge pro Minute. Man kann sie gut an der Arterie unmittelbar hinter dem Ellbogen oder an der Arterie am Unterkiefer messen. In der Bewegung erhöhen sich Puls- und Herzschlag natürlich dramatisch. Im Schritt liegt der Puls bei 60 bis 70 Schlägen pro Minute. Nach einem kurzen Galopp erreicht er bis zu 150 Schläge. Die Atemfrequenz beträgt in Ruhe zwischen 8 und 16 Atemzüge (eine Ein- und Ausatmung werden dabei als ein Atemzug gezählt).

Krankheiten vorbeugen

Zwei grundlegende Maßnahmen zur Vorbeugung gegen Krankheiten sind unbedingt nötig: Die Impfung und das regelmäßige Entwurmen eines Pferdes.

Innere Parasiten

Sie können schwerwiegende Probleme verursachen und im schlimmsten Fall sogar zum Tod des Pferdes führen. Daher sollte man hier auf zweifache Weise vorbeugen: Zum einen sammelt man die Pferdeäpfel regelmäßig aus dem Stall und von den Koppeln oder Paddocks auf und zum anderen nutzt man die Koppeln in einem Rotationssystem, damit die Parasiten sich nicht zu stark vermehren können.

- Führen Sie außerdem regelmäßig Wurmkuren durch, um die schädlichen Parasiten auf ein Minimum zu reduzieren. Wurmkuren sind als Paste oder Pulver erhältlich. Verwenden Sie jeweils unterschiedliche Präparate, damit die Würmer nicht gegen ein bestimmtes Produkt immun werden. Wichtig ist außerdem, die richtige Menge zu verabreichen, die vom Gewicht des Pferdes abhängt (s. S. 83). Halten Sie sich genau an die Anweisungen auf der Packungsbeilage des Herstellers und befragen Sie in allen Zweifelsfällen Ihren Tierarzt.
- Pferde können von verschiedenen Würmern befallen werden. Der Schlimmste ist der große Palisadenwurm. Dieser Parasit lebt im Darm des Pferdes und kann großen Schaden anrichten. Symptome für einen Befall sind Gewichtsverlust, ein stumpfes Fell und Durchfall.

- Der kleine Palisadenwurm verursacht starke Entzündungen und Geschwüre an der Dickdarmwand des Pferdes sowie Blutarmut, Verstopfung und andere Verdauungsprobleme.
- Rundwürmer sind in der Regel nicht so problematisch, obwohl sie sehr lang sind und es zu einem massiven Befall kommen kann. Für Fohlen und junge Pferde können sie allerdings sehr gefährlich werden.
- Bandwürmer müssen behandelt werden, allerdings kommen sie bei Pferden nur selten vor.

Äußere Parasiten können ebenfalls schädlich sein, vor allem Zecken und Läuse. Sie lassen sich mit äußerlich anzuwendenden Mitteln wie Pudern, Shampoos und Sprays relativ leicht kontrollieren, können aber zum Problem werden, wenn man sich nicht darum kümmert. Fragen Sie Ihren Tierarzt, wenn Sie sich unsicher sind, wie Sie einen bestimmten Parasiten behandeln sollen.

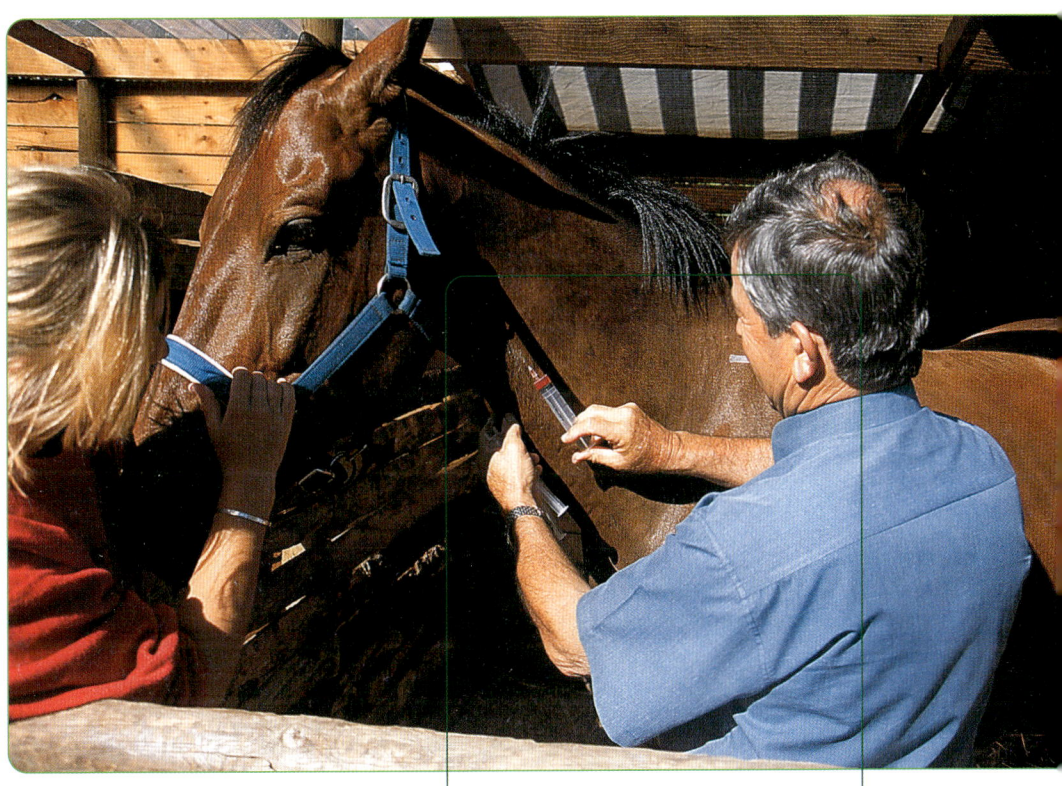

Ein qualifizierter Tierarzt verabreicht dem Pferd eine intravenöse Spritze.

Impfungen

Die Impfvorschriften sind von Land zu Land verschieden. Daher sollten Sie sich genau erkundigen, welche Impfungen Ihr Pferd benötigt, vor allem, wenn Sie mit ihm in ein anderes Land reisen wollen. Die meisten Impfungen werden einmal jährlich aufgefrischt.

Wundstarrkrampf

Dieser schwerwiegenden Erkrankung beugt man mit einer Tetanusimpfung vor. Sie wird durch Bakterien im Boden verursacht, die Wunden infizieren können. Die Krankheit ist häufig tödlich. Wenn Ihr Pferd nicht gegen Tetanus geimpft wurde und sich eine Wunde zuzieht, sollten Sie sofort den Tierarzt rufen. Selbst ein kleiner Schnitt kann zu Wundstarrkrampf führen. Typische Symptome sind steife Glieder, ein offensichtlicher Widerwille des Pferdes, sich zu bewegen, Überempfindlichkeit bei Geräuschen sowie Appetitlosigkeit. Häufig wird die erste Impfreihe mit einer Grippeimpfung kombiniert und dann jährlich aufgefrischt.

Pferdegrippe

Die Pferdegrippe wird durch einen Virus verursacht, der den menschlichen Grippeviren ähnelt. Sie ist sehr ansteckend und kann einen schweren Verlauf haben. In manchen Ländern sind regelmäßige Impfungen gegen die Pferdegrippe Pflicht, vor allem bei Turnier- und Rennpferden. Aber auch wenn diese Impfung nicht vorgeschrieben ist, empfiehlt es sich, sie durchführen zu lassen. Zwar ist damit nicht garantiert, dass das Pferd die Grippe nie bekommt, aber die Symptome werden zumindest schwächer sein. Wie bei der Tetanusimpfung muss bei der Grippeimpfung anfangs mehrfach geimpft werden. Danach wird die Impfung regelmäßig aufgefrischt (s. a. S. 180).

Rhinopneumonitis

Rhinopneumonitis-Impfungen werden üblicherweise in den USA sowie in einigen Teilen des Vereinigten Königreiches vorgenommen. Es handelt sich um eine ansteckende Virusinfektion, die bei jungen Pferden eine Erkältung verursacht und zu Fehlgeburten bei trächtigen Stuten führt. Junge Pferde sind appetitlos, husten, sondern Schleim in der Nase ab und haben Fieber. Bei trächtigen Stuten sind manchmal leider überhaupt keine Symptome erkennbar. Die erkrankten Pferde werden isoliert und in der Regel mit Antibiotika behandelt. Die Reaktion des Immunsystems auf die Impfung hält nicht lange an, daher wird diese in der Regel vierteljährlich aufgefrischt.

Enzephalomyelitis

Die Enzephalomyelitis ist eine schwere Viruserkrankung, für die kein Gegenmittel bekannt ist. Sie kommt nur auf dem amerikanischen Kontinent vor. In den USA müssen Turnierpferde jährlich dagegen geimpft werden. Sie wird von Insekten, insbesondere von Stechmücken, übertragen und kann im schlimmsten Fall zu Erblindung und Lähmungen führen. Darüber hinaus kann es zu schwerwiegenden Infektionen beim Menschen kommen, die in der Regel zu Gehirnschäden und häufig zum Tod führen.

Pferdepest

Die Pferdepest hat ganze Epidemien verursacht. Sie wird durch einen Virus hervorgerufen, der durch Stechmücken übertragen wird, und tritt vorwiegend in heißen, feuchten Gegenden auf (beispielsweise im südlichen Afrika). Zu den Symptomen gehören hohes Fieber, geschwollene Augenlider, eine schwere Atmung und Schaum an den Nüstern. Durch eine Impfung kann man einer Erkrankung vorbeugen. Allerdings gibt es aufgrund der verschiedenen Virusarten keinen hundertprozentigen Schutz.

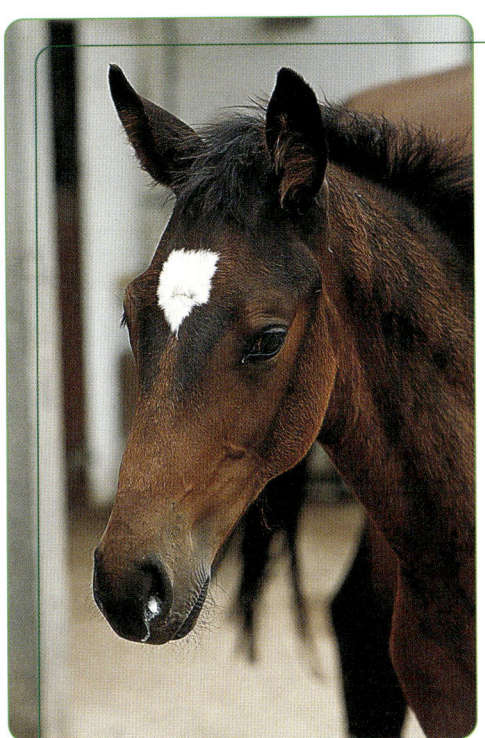

Wenn Schleim in der Nase des Pferdes sichtbar ist, sollten Sie den Tierarzt zu Rate ziehen.

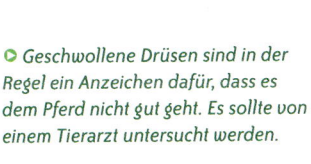

Geschwollene Drüsen sind in der Regel ein Anzeichen dafür, dass es dem Pferd nicht gut geht. Es sollte von einem Tierarzt untersucht werden.

Leichtere Erkrankungen und Verletzungen behandeln

Ponys und Pferde können sich zahlreiche Erkrankungen und Verletzungen zuziehen. Man kann diese bei guter Pflege zwar auf ein Minimum reduzieren, sollte aber wissen, was man tun kann, wenn sie auftreten. In allen Zweifelsfällen sollte man den Tierarzt rufen.

Husten und Erkältungen

Eine Erkältung beim Pferd ist ähnlich wie beim Menschen. Sie beginnt häufig mit einer erhöhten Temperatur und einer laufenden Nase. Häufig wird sie von Husten begleitet. Dieser kann aber auch aufgrund einer Allergie hervorgerufen werden. Ist Ihr Pferd erkrankt, sollten Sie nicht mehr mit ihm arbeiten und es gegebenenfalls im Stall lassen. Der Tierarzt wird ihm die nötigen Medikamente verschreiben (s. a. S. 180).

○ *Das Bein des Pferdes wird geröntgt, um festzustellen, ob es verletzt ist.*

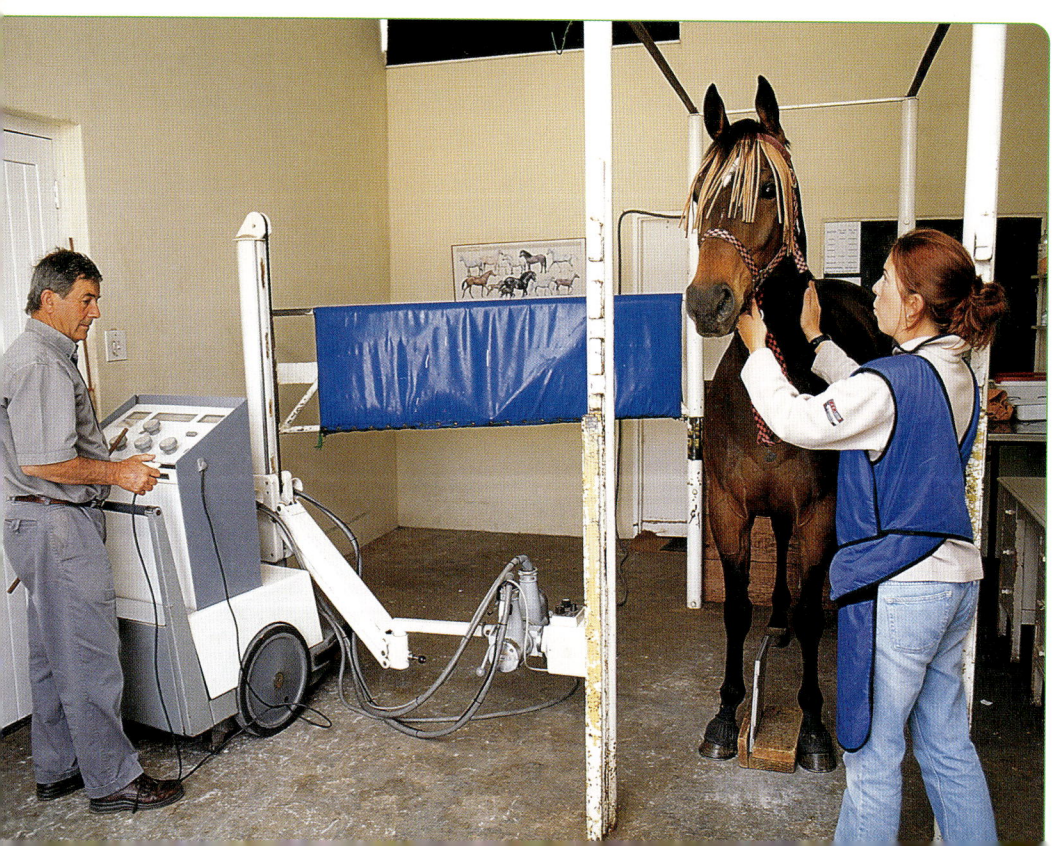

Das Pferd lahmt

Die Ursachen hierfür sind vielfältig. Möglicherweise ist das Pferd auf einen Stein getreten und hat sich dabei eine Zerrung zugezogen oder am Huf verletzt. Manchmal liegt es auch daran, dass der Sattel nicht richtig passt und das Pferd schmerzende Rückenmuskeln hat. Eine weitere Ursache können schlecht sitzende Hufeisen sein.

Sobald Sie bemerken, dass Ihr Pferd lahmt, prüfen Sie, ob das betroffene Bein heiß oder geschwollen ist oder ob es äußere Verletzungen aufweist. Wenn keine klare Ursache erkennbar ist, muss das Bein manchmal geröntgt werden. Lassen Sie sich vom Tierarzt beraten, wie Sie Ihr Pferd behandeln können.

Satteldruck

Dieser wird in der Regel durch einen schlecht sitzenden Sattel verursacht, der auf dem Rücken des Pferdes scheuert und wunde Stellen oder Schwellungen hervorruft. Auch Sattelgurt und Trense können zu Scheuerstellen führen. Auf wunde Stellen trägt man eine Zinksalbe auf, bis sie abgeheilt sind. In schweren Fällen muss der Tierarzt gerufen werden.

Strahlfäule

Hierbei handelt es sich um eine bakterielle Infektion, die den Strahl im Huf befällt. Häufig sind feuchte, dreckige Boxen, schlammige Paddocks und eine mangelnde Reinigung der Hufe die Ursache. Bei Strahlfäule entsteht ein starker Geruch. Der Huf muss gründlich gereinigt und getrocknet werden. Dann trägt man in der Regel Jod oder Hufteer auf.

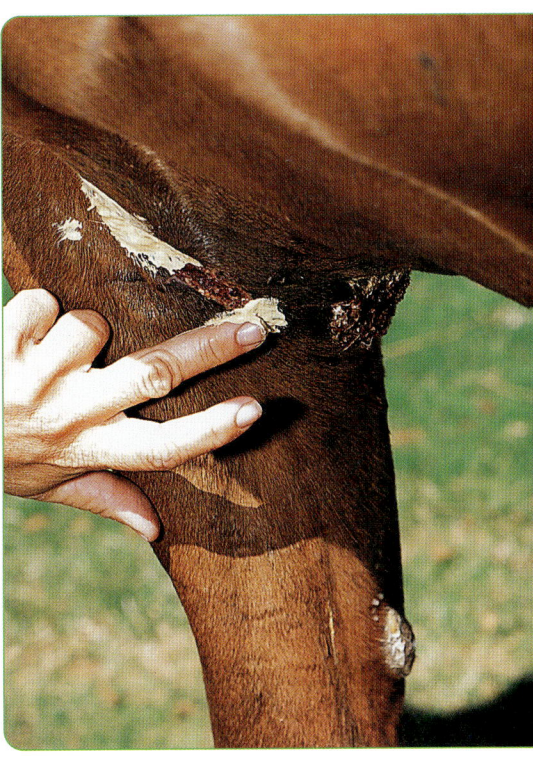

◐ Eine antibakterielle Salbe wird auf eine Wunde aufgetragen, um eine Infektion zu vermeiden.

Hauterkrankungen

Sommerekzem

Allergische Reaktion, die wahrscheinlich durch Kriebelmücken verursacht wird. Das Pferd scheuert sich und es entstehen wunde Stellen, vorwiegend an Schweif und Mähne. Man kann sie mit einer speziellen Lotion behandeln und zusätzlich ein Fliegenspray zur Abwehr von Insekten verwenden.

Flechtengrind

Ansteckende Pilzerkrankung, die kleine wunde Flecken verursacht. Das Pferd wird mit speziellen Hautmitteln behandelt und isoliert. Die Einstreu aus seiner Box muss verbrannt werden.

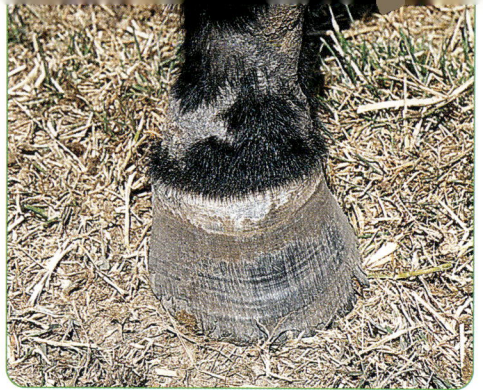

○ *Mauke sieht unschön aus und ist schmerzhaft.*

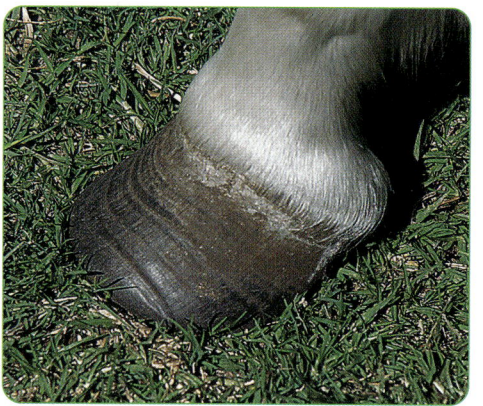

○ *Unnatürliche Ringe an der Hufwand sind ein deutliches Zeichen für Hufrehe.*

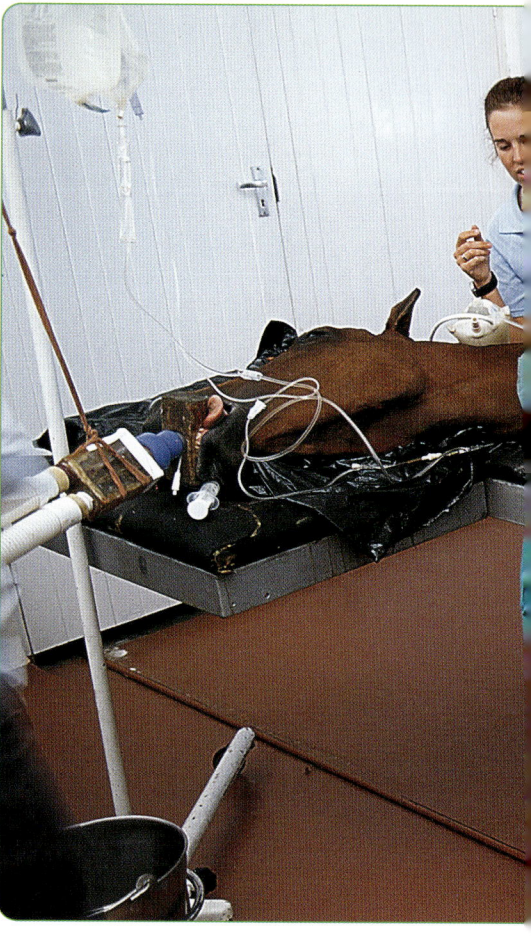

Mauke

Mauke und rissige Fersen werden durch eine Bakterieninfektion der Haut im Fersen- und Fesselbereich verursacht. Sie tritt vor allem in nassen, lehmigen Gebieten auf. Die Füße sind wund und die Beine geschwollen. Zudem sondert die Haut eine gelbe Flüssigkeit ab. Man kann dies verhindern, wenn man die Füße immer gut reinigt und trocken hält. Vorbeugend kann man außerdem eine Schutzcreme auftragen, wenn man mit dem Pferd arbeitet oder es auf der Koppel steht. Zur Behandlung der Infektion wird eine antibakterielle Waschung vorgenommen.

Hufrehe

Eine schwere Erkrankung, die sofort behandelt werden muss. Sie tritt häufiger bei Ponys als bei Pferden auf und wird oft durch Überfütterung verursacht. Vor allem die vorderen Füße sind entzündet und angeschwollen. Als Sofortmaßnahme kann man die Füße mit kaltem Wasser abspritzen, aber man muss trotzdem den Tierarzt rufen. Ein Pony mit Hufrehe darf nicht geritten werden (s. a. S. 176).

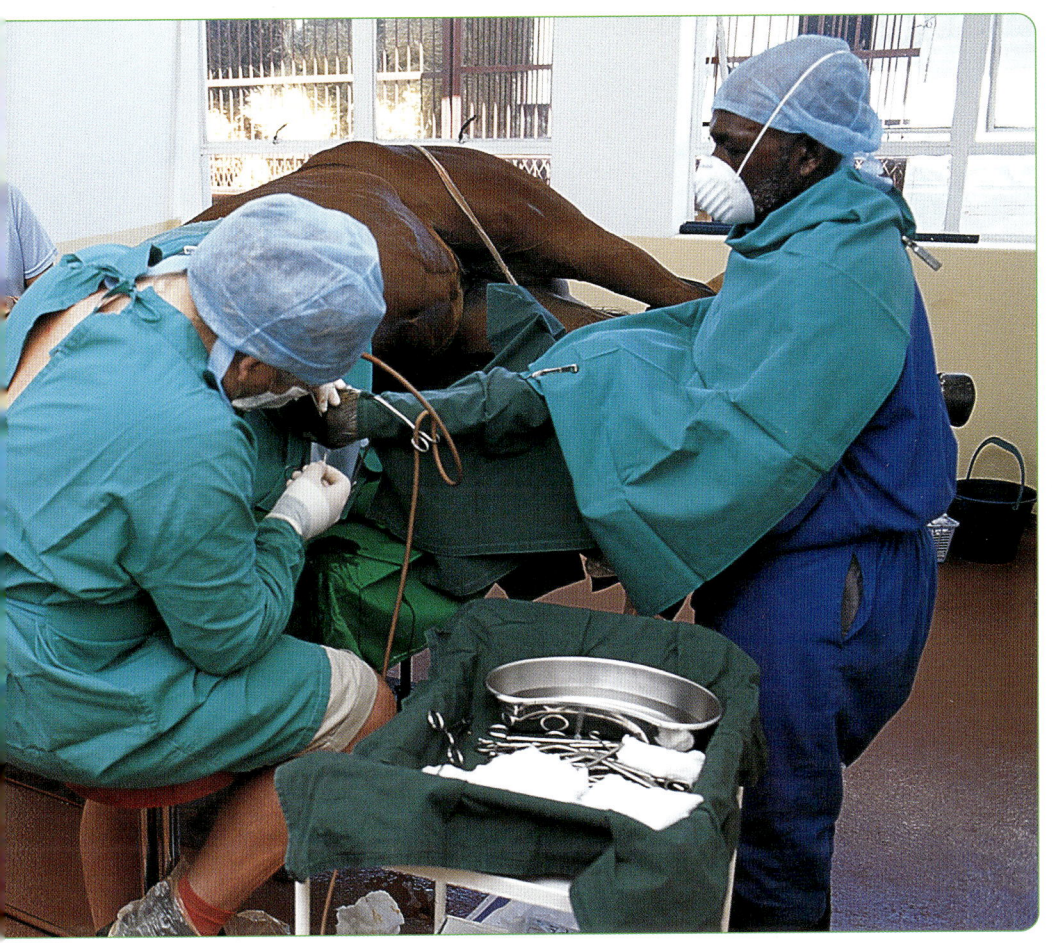

○ *Wenn eine Operation nötig ist – wie bei diesem Pferd, dem nach einer Verletzung Knochensplitter aus dem Knie entfernt werden –, muss es unter Narkose in einer gut ausgerüsteten Tierklinik behandelt werden.*

Druse

Eine sehr ansteckende Krankheit, die durch das Bakterium Streptococcus equi verursacht wird. Zu den Symptomen gehören Fieber, Appetitlosigkeit, gelber Schleim in der Nase, Husten und stark angeschwollene Lymphdrüsen. Das Pferd kann überdies unter Schluckbeschwerden leiden. Kranke Tiere müssen isoliert und vom Tierarzt behandelt werden. Im schlimmsten Fall kann die Erkrankung tödlich enden.

Piroplasmose

Diese ansteckende Krankheit wird von Zecken übertragen und greift die roten Blutkörperchen an. Symptome sind Appetitlosigkeit, Niedergeschlagenheit und Fieber. Die Schleimhäute verfärben sich gelblich und das Pferd hat oft Verstopfung. Die Piroplasmose ist eine ernste Krankheit, die tödlich enden kann. Wenn Sie den Verdacht haben, dass Ihr Pferd sich diese Erkrankung zugezogen hat, sollten Sie sofort den Tierarzt verständigen.

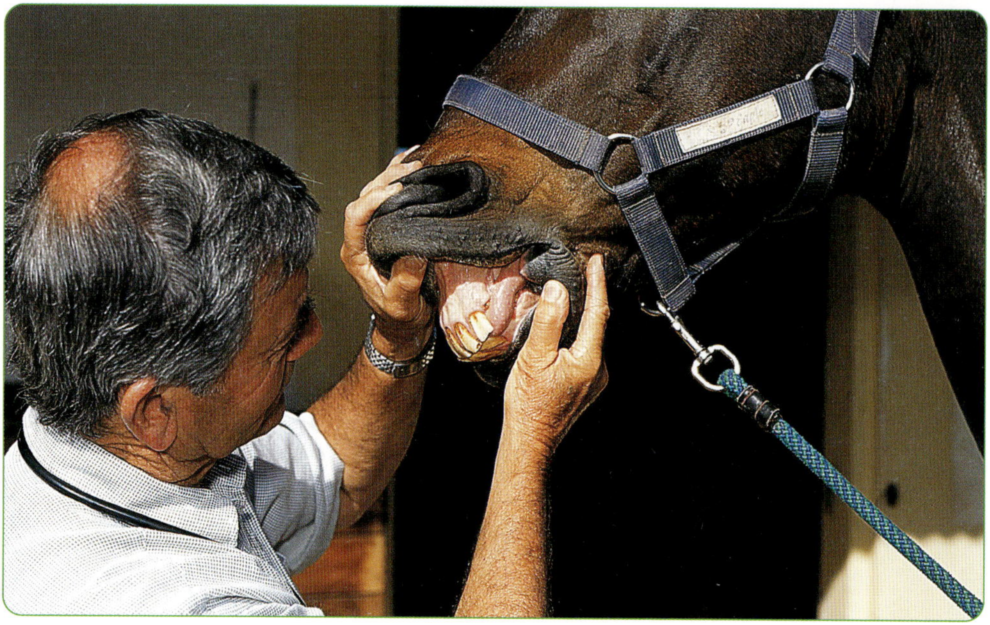

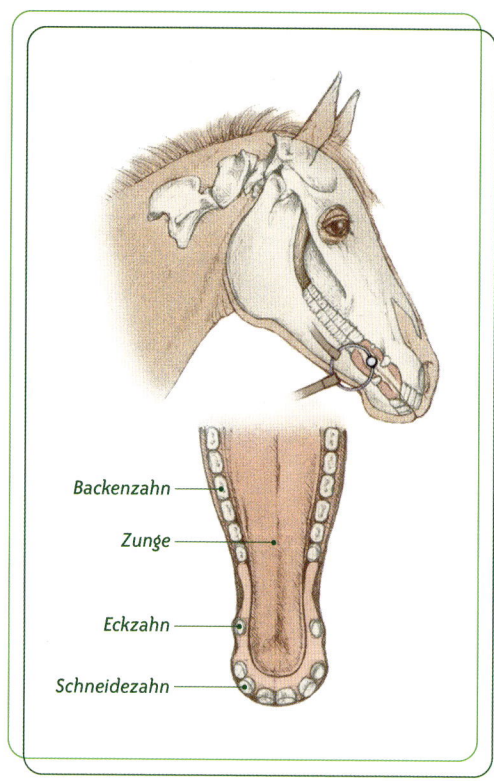

○ Ein Tierarzt kontrolliert Zähne und Zahnfleisch des Pferdes.

Die Zähne

Wie die Menschen haben auch Pferde in ihrem Leben zwei Serien von Zähnen. Wenn man die Zähne betrachtet, kann man das Alter eines Pferdes schätzen. Allerdings braucht man dafür ein geübtes Auge und muss wissen, welche Struktur die Zähne haben.

Die meisten Pferde verlieren ihre „Milch-zähne" mit zirka zweieinhalb Jahren. Wenn sie vier Jahre alt sind, haben sie die meisten ihrer bleibenden Zähne. Die Eckzähne (Haken-zähne) kommen allerdings erst im Alter von fünf Jahren hervor. Erst jetzt ist das Gebiss des Pferdes komplett.

Anders als bei den Menschen wachsen die Zähne der Pferde ständig weiter. Sie nutzen sich beim Kauen und Zermahlen der Nahrung zwar ab, aber trotzdem müssen sie alle sechs

Backenzahn

Zunge

Eckzahn

Schneidezahn

bis zwölf Monate mit einer langen Raspel abgeschliffen werden. Dies wird vom Tierarzt oder einem Pferdezahnarzt durchgeführt. Die Backenzähne bekommen im Laufe der Zeit sehr scharfe Kanten und können die Zunge und die Innenseiten der Wangen verletzen, wenn man nichts unternimmt.

Pferdezahnärzte und einige Tierärzte haben spezielle Instrumente, mit denen sie problematische Ecken und Kanten besser bearbeiten können. In manchen Fällen müssen die Pferde sediert werden, was die Anwesenheit eines Tierarztes erforderlich macht.

Manchmal entstehen bei Pferden und Ponys auch Fehlbildungen im Maul. Daher sollte man vor allem bei jungen Tieren regelmäßig kontrollieren, ob die Zähne sich richtig entwickeln. Sogenannte „Wolfszähne", kleine unterentwickelte Zähne, die vor den oberen Schneidezähnen auftauchen, müssen manchmal gezogen werden, wenn das Pferd das Gebiss eines Zaumzeugs nicht annehmen will oder den Kopf heftig nach oben wirft.

○ *Der Tierarzt braucht Helfer, die das Maul des Pferdes offen und den Kopf ruhig halten, während er die Zähne feilt.*

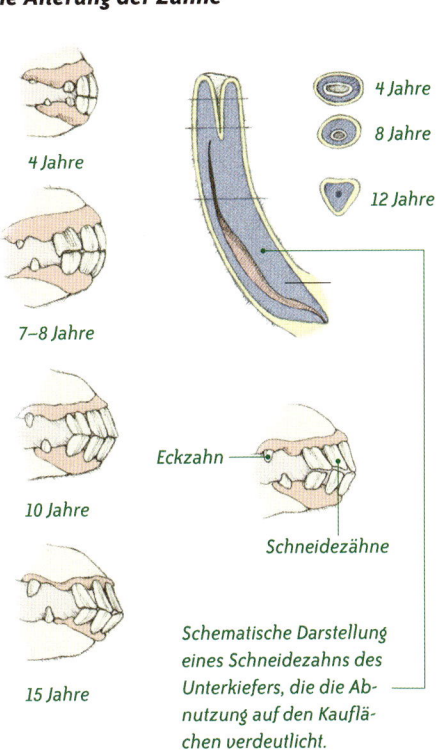

Die Alterung der Zähne

4 Jahre

4 Jahre

8 Jahre

12 Jahre

7–8 Jahre

10 Jahre

Eckzahn

Schneidezähne

15 Jahre

Schematische Darstellung eines Schneidezahns des Unterkiefers, die die Abnutzung auf den Kauflächen verdeutlicht.

⚓ *Alte Pferde benötigen viel Aufmerksamkeit. Und die Gesellschaft von Artgenossen ist in dieser Lebensphase besonders wichtig für sie.*

Wenn Pferde älter werden

Obwohl ein Pferd mit zehn Jahren noch nicht wirklich alt ist, wird es als „älteres Pferd" bezeichnet, da es schwieriger wird, sein Alter exakt anhand seiner Zähne zu bestimmen. Aber natürlich können Pferde viel länger leben.

Im Alter kann der körperliche Zustand des Pferdes sich verschlechtern. Wenn es nicht mehr geritten wird, bilden sich die Muskeln zurück und der Hals verliert an Kraft. Der Rücken entwickelt sich stärker zum Hohlkreuz und der Widerrist ragt deutlicher hervor. Der Gang des Pferdes wird langsamer und vorsichtiger und manchmal wirkt er etwas steif.

Ein Pferd, das älter als 15 Jahre ist, sollte mindestens einmal jährlich vom Tierarzt untersucht werden. Auch die Zähne müssen regelmäßig kontrolliert werden, da sie leichter brechen oder herausfallen können. Dies kann die Kaufunktion beeinträchtigen und zu Verdauungsstörungen und Koliken führen. Mit zunehmendem Alter können Pferde ihre Körpertemperatur nicht mehr so gut regulieren und aufrechterhalten, daher müssen sie häufiger eingedeckt und bei schlechtem Wetter besonders geschützt werden.

Ein altes Pferd sollte nie alleine auf einem Paddock stehen. Gerade jetzt benötigt es besonders viel Zuwendung und die Gesellschaft von anderen Pferden.

Bedeutung des Trainings und körperlicher Fitness

Alle Pferde benötigen ein regelmäßiges Training, um fit und gesund zu bleiben. In der freien Natur haben sie viel Platz, um zu galoppieren und überschüssige Energie loszuwerden. Stallpferde müssen dagegen geritten und regelmäßig trainiert werden. Wenn Ihr Pferd auf einer Koppel steht und genug Platz hat, kann es zwar nach Herzenslust herumrennen und sich austoben, aber das bedeutet noch nicht, dass es fit genug für die Arbeit ist, die es erbringen muss.

Ausritte und das Reiten auf dem Platz tragen zur allgemeinen Fitness bei, aber die Leistungsfähigkeit Ihres Pferdes wird auch davon abhängen, wie viel Zeit Sie haben und wie Sie das Pferd einsetzen. Wenn Sie beispielsweise vorhaben, an Vielseitigkeitswettbewerben teilzunehmen, muss das Pferd erheblich fitter sein, als wenn Sie lediglich an den Wochenenden mit ihm ausreiten. Ein Dressurpferd muss stark und muskulös sein. Daher ist es notwendig, sich gezielt darauf zu konzentrieren.

Wenn Sie ein Pferd für Springturniere trainieren, sollten Sie es zu Hause nicht viel springen lassen. Konzentrieren Sie sich vielmehr auf eine intensive Bodenarbeit, Schritt-, Trab- und Galopptraining und üben Sie alles, was Sie im Reitunterricht gelernt haben.

Je öfter Sie reiten, desto fitter werden Sie und Ihr Pferd bald sein. Das bedeutet aber nicht, dass Sie möglichst lange Ritte unternehmen oder jeden Tag reiten müssen. Die meisten Reitlehrer werden Sie gerne bei der Erstellung eines Trainingsplans für Ihr Pferd unterstützen. Wenn es aufgrund einer Krankheit oder Verletzung eine Zeit lang nicht trainiert wurde, müssen Sie vorsichtig und langsam wieder beginnen und das Training allmählich aufbauen.

○ Ein regelmäßiges Training ist wichtig für die Gesundheit und Fitness des Pferdes.

Fitnessprogramm für Pferde

Wenn das Pferd gesund ist und lediglich keine gute Kondition hat, benötigen Sie zirka sechs bis acht Wochen, um es wieder auf ein gutes Leistungsniveau zu bringen. Ein Pferd, das drei oder vier Monate Pause hatte, benötigt etwa die gleiche Zeit, um wieder fit zu werden. Ihr Pferd ist ein Athlet und seine Muskeln müssen langsam aufgebaut werden. Gönnen Sie dem Pferd einen Ruhetag pro Woche.

1. Beginnen Sie damit, 15 bis 30 Minuten Schritt zu gehen, und steigern Sie die Dauer allmählich, bis Sie eine Stunde erreicht haben. Das kann zirka drei Wochen dauern. (Wenn das Pferd verletzungsbedingt eine lange Ruhephase hatte, benötigt man entsprechend mehr Zeit.)

2. Beginnen Sie nun mit kurzen Trabsequenzen, um die Muskeln aufzubauen. Kombinieren Sie die Trabstrecken mit schnellen Schrittphasen, teilweise auf ansteigendem Gelände. Fahren Sie zirka sechs Wochen lang auf diese Weise fort und steigern Sie dabei die Trabphasen auf bis zu zwei Stunden. Hatte das Pferd vor dem Training eine Sehnen- oder Bänderverletzung, sollte man nicht so rasch mit den Trab-Schritt-Abschnitten beginnen. Ist man so weit, dass man mit diesem Trainingsabschnitt beginnen kann, sollte er mindestens zwei oder drei Monate lang durchgeführt werden, jedoch nie länger als 30 Minuten. Schließlich beginnt man dann mit einigen langsamen Galoppphasen.

3. Nun kann man mit den Übungen auf dem Reitplatz beginnen und etwas springen. Steigern Sie die Arbeit bergaufwärts und lassen Sie das Pferd ein- bis zweimal pro Woche über eine längere Strecke traben. Fangen Sie stets mit 15 Minuten Schritt an, dann traben Sie und erst dann gehen Sie zum Galopp über. Beenden Sie das Training mit einer Phase Schritt am langen Zügel.

○ *Ein Pferd beim Training auf dem Platz*

○ *Ausritte machen Pferd und Reiter*
Spaß und halten beide fit und gesund.

Notfälle und Erste Hilfe

Ein gesundes Pferd ist ein glückliches Pferd, daher erkennen aufmerksame Besitzer Krankheiten oder Verletzungen in der Regel schnell. Wenn Sie wissen, wie Ihr Pferd sich normalerweise verhält, fallen Ihnen ungewöhnliche Signale sofort auf. Natürlich ist es hilfreich, ein gutes Grundwissen darüber zu haben, was zum normalen Pferdeverhalten gehört und was nicht. Ein gesundes Pferd wälzt sich beispielsweise, weil es ihm Spaß macht, während ein Pferd, das eine Kolik hat, sich vor Schmerzen wälzt. Und alle Pferde entlasten jeweils ein Hinterbein, wenn sie ganz entspannt im Stall oder auf der Koppel stehen. Wird dagegen ein Vorderbein nicht belastet, kann dies auf eine Verletzung hinweisen.

Tun Sie stets alles dafür, dass Ihr Pferd gesund bleibt. Dazu ist nicht nur eine gute Stallpflege nötig, es gehören auch regelmäßige Wurmkuren, Zahnkontrollen, Impfungen und Generaluntersuchungen eines Tierarztes dazu.

Darüber hinaus sollten Sie wissen, was Sie im Notfall tun und wann Sie einen Tierarzt rufen müssen.

Früher oder später benötigt jeder Pferdebesitzer die Hilfe eines Tierarztes, selbst wenn sein Pferd absolut gesund ist. Achten Sie darauf, dass der Tierarzt auf Pferde spezialisiert ist. Am besten ist es stets, wenn er Ihnen von jemandem empfohlen wurde. Mittlerweile gibt es zusätzlich zu den klassischen Tierärzten zahlreiche Spezialisten im Bereich der Pferdegesundheit, so zum Beispiel Physiotherapeuten, Homöopathen, Chiropraktiker, Akupunkteure oder spezialisierte Pferdezahnärzte. In einem Notfall sollten Sie aber immer zuerst einen Tierarzt verständigen. Wenn Sie möchten, kann dieser im Idealfall dann mit einem Alternativmediziner zusammenarbeiten.

◗ *Eine gut sortierte Erste-Hilfe-Ausrüstung gehört in jeden Stall.*

◗ *Wenn Sie Ihr Pferd kennen, wissen Sie, wann es sich auffällig verhält.*

Die Vital-funktionen

Es ist sehr nützlich, die normale Puls- und Atemfrequenz sowie die Temperatur seines Pferdes zu kennen. Um einen Durchschnittswert zu erhalten, muss man die Werte an mehreren aufeinanderfolgenden Tagen jeweils zur gleichen Tageszeit während einer Ruhephase messen. Wenn es Anzeichen dafür gibt, dass es dem Pferd schlecht geht, können Sie Ihrem Tierarzt die ermittelten Durchschnittswerte als Anhaltspunkte geben.

Die Atemfrequenz liegt während einer Ruhephase in der Regel bei 8 bis 16 Atemzügen pro Minute. Der Puls beträgt 36 bis 42 Schläge pro Minute und die Temperatur liegt bei zirka 38 Grad Celsius. Ein gesundes Pferd niest gelegentlich während des Trainings. Dies ist ein Zeichen der Konzentration. Aber wenn es zu Beginn der Arbeit hustet, ist das nicht normal (s. a. das Kapitel „Die Gesundheit des Pferdes").

Das Fieber messen

Vorzugsweise verwendet man hierfür ein spezielles Pferdethermometer. Bitten Sie einen Helfer, das Pferd zu halten. Wenn Sie vermuten, dass es ausschlagen könnte, kann die Hilfsperson zudem einen Vorderfuß aufheben, um dies zu verhindern. Tragen Sie etwas Vaseline auf den vorderen Bereich des Thermometers auf. Stellen Sie sich neben das Hinterteil des Pferdes, heben Sie den Schweif an

○ *Ein Tierarzt misst die Temperatur mit einem Pferdethermometer.*

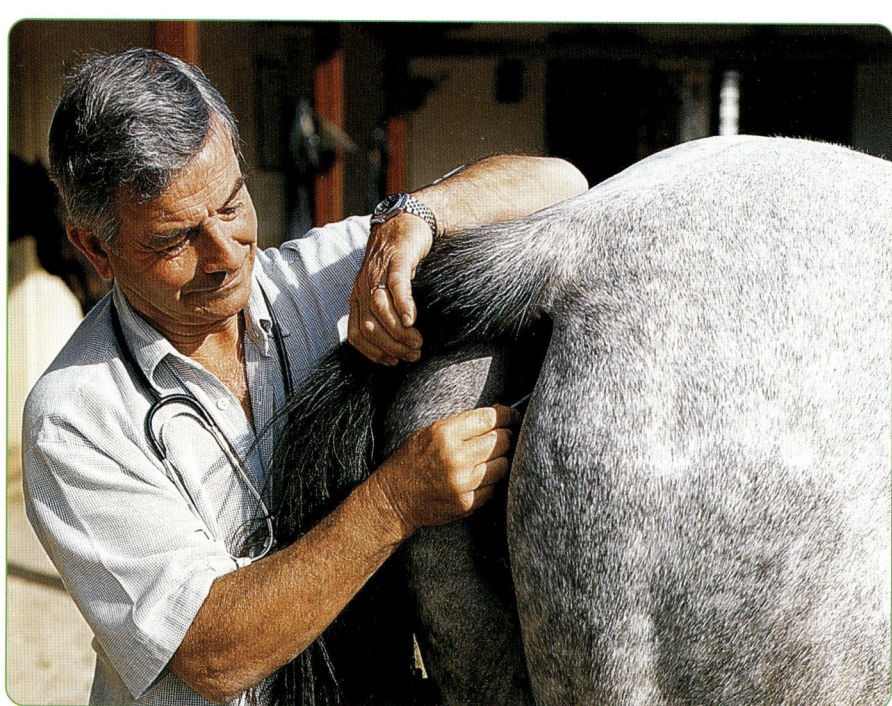

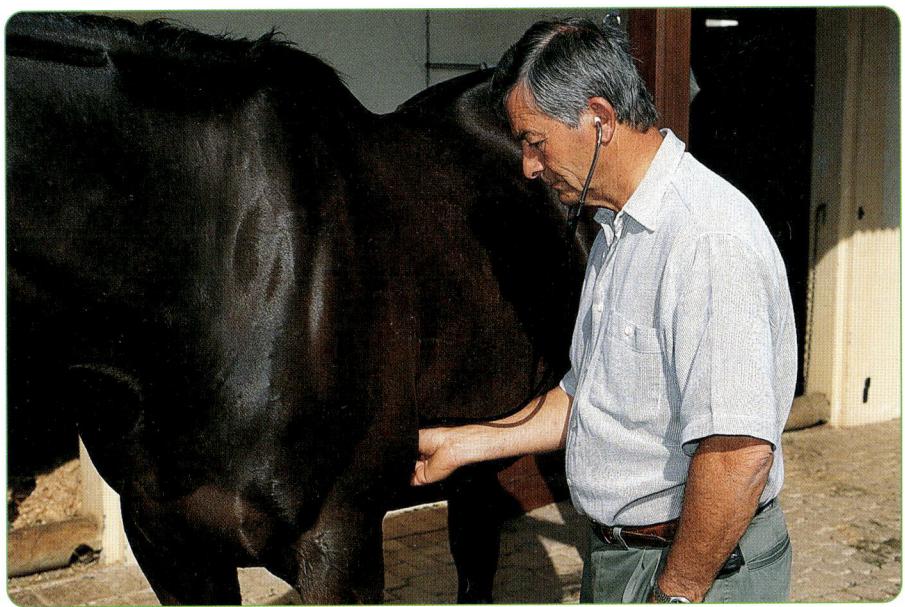

○ *Der Tierarzt benutzt ein Stethoskop, um den Puls des Pferdes zu messen. Die normale Pulsfrequenz beträgt 36 bis 42 Schläge pro Minute.*

und führen Sie die Spitze vorsichtig ins Rektum ein. Halten Sie das Ende gut fest und achten Sie darauf, dass sich hier keine Vaseline befindet. Messen Sie zirka eine Minute lang und halten Sie das Thermometer dabei etwas seitlich – da Sie sonst die Temperatur eines Pferdeapfels messen könnten.

Den Puls messen

Mithilfe eines Stethoskops lässt sich der Puls am leichtesten messen. Legen Sie es am Ellbogen des Pferdes an, um den Puls zu finden, und zählen Sie dann die Pulsschläge pro Minute, während Sie auf die Uhr sehen. Wenn Sie kein Stethoskop haben, können Sie den Puls an der gleichen Stelle mit den Fingern ertasten. Drücken Sie leicht gegen das Fell, bis Sie den Pulsschlag spüren. Auch am Unterkiefer befindet sich eine große Arterie, an der man den Puls messen kann, allerdings ist sie schwerer zu finden.

Die Atemfrequenz messen

Zählen Sie, wie oft das Pferd in einer Minute ein- und ausatmet. Dazu beobachten Sie entweder, wie die Flanken sich heben und senken, oder Sie halten eine Handfläche unter die Nüstern und spüren den Atem.

Das Gewicht ermitteln

Wenn Sie die Futtermenge berechnen oder Gewichtsveränderungen erkennen möchten, ist es nützlich, das normale Gewicht des Pferdes zu ermitteln. Dazu verwenden Sie ein spezielles Gewichtsmaßband (es ist häufig bei Futterherstellern erhältlich). Das Pferd sollte auf einem geraden Untergrund stehen. Legen Sie das Maßband kurz hinter dem Widerrist an und führen Sie es in Höhe des Sattelgurtes einmal um den Körper herum. Dann lesen Sie das Gewicht vom Maßband ab. Ein ausgewachsenes Pferd wiegt zwischen 450 und 700 kg.

Der Tierarzt-besuch

Wenn Sie festgestellt haben, dass es Ihrem Pferd nicht gut geht, sollten Sie darauf vorbereitet sein, Ihrem Tierarzt weitere Informationen zu geben, wenn Sie ihn anrufen. Welche Arbeit verrichtet Ihr Pferd normalerweise und wie sieht sein Alltag aus? Steht es im Stall oder auf der Weide? Hat es gerade eine Ruhephase oder nimmt es an Turnieren teil? Woraus setzt sich seine tägliche Futterration zusammen und – falls es lahmt – wann wurde es das letzte Mal beschlagen?

Grundsätzlich sind die Schmerzen, unter denen das Pferd offensichtlich leidet, ein Barometer dafür, wie ernst sein Zustand ist. Zu Notfällen gehören unter anderen: heftige Koliken (das Pferd wälzt sich und hat offensichtlich starke Schmerzen), akutes Lahmen, Würgen oder Schwierigkeiten beim Atmen,

tiefe Wunden, eine klare, gelbliche Flüssigkeit, die aus Gelenken austritt, starke Blutungen, Verbrennungen, Augenverletzungen oder die Unfähigkeit oder ein Widerwillen des Pferdes, sich zu bewegen.

Weitere Symptome, die einen Besuch des Tierarztes erforderlich machen, sind leichte Koliken, Durchfall, Schwierigkeiten beim Misten, heiße und angeschwollene Gliedmaßen und angestrengtes Atmen. Schnitte über zwei Zentimeter müssen genäht werden.

Wenn der Tierarzt kommt, sollte das Pferd bereits vorbereitet sein. Binden Sie es in einem sauberen, hellen Bereich an. Reinigen Sie eventuell vorhandene Wunden. Wenn es um eine Beinverletzung geht, sollten die Hufe ausgekratzt sein. Halten Sie auch eine Trense bereit, da Sie das Pferd während der Untersuchung unter Umständen gut festhalten müssen. Falls Sie eine Kolik vermuten, ist es außerdem hilfreich, wenn Sie dem Tierarzt eine frische Mistprobe zeigen können.

Die Tierärztin untersucht das Pferd in einem hellen Bereich und auf einem festen, sauberen Untergrund.

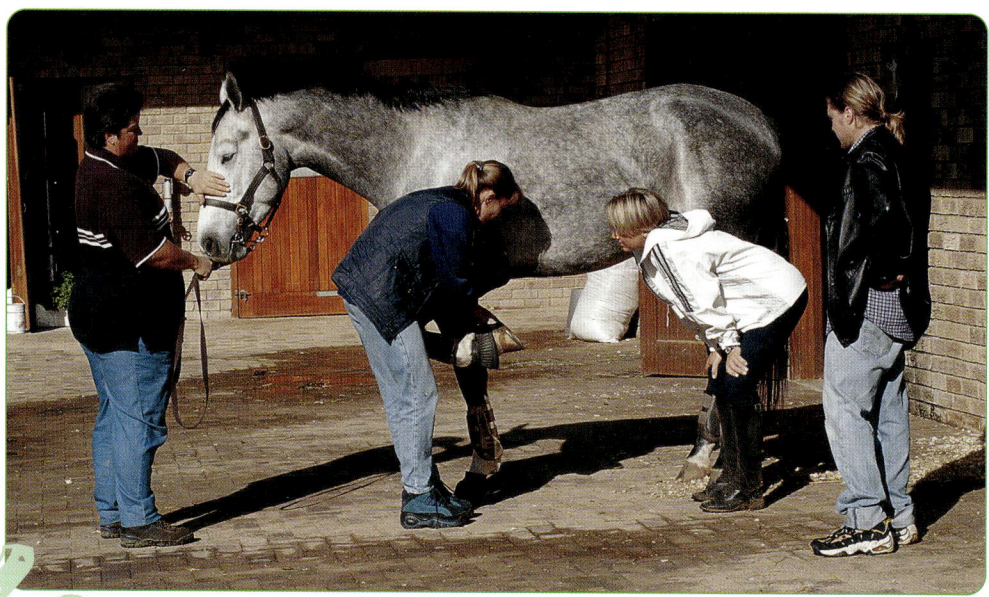

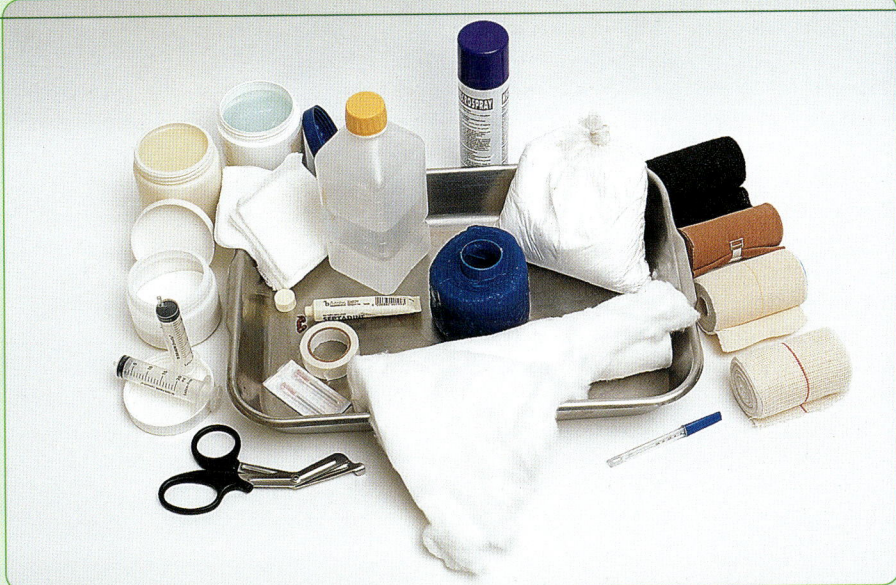

Oberste Priorität bei der Anwendung der Ersten Hilfe beim Pferd hat die eigene Sicherheit. Ein verletztes Pferd kann sehr unruhig und nervös sein. Bitten Sie einen Helfer, es am Halfter oder einer Trense zu halten, auf eine beruhigende Weise mit ihm zu reden und es zu streicheln. Wenn Sie ein Hinterbein untersuchen, sollten Sie den Schweif seitlich fest nach unten halten oder den Helfer bitten, einen Vorderfuß aufzuheben, damit das Pferd nicht ausschlagen kann. Als Notfallmaßnahme kann man auch eine Halsfalte fest greifen, um das Pferd ruhig zu halten. Bewahren Sie in jedem Fall Ruhe, damit auch das Pferd möglichst ruhig bleibt.

Seien Sie auf Notfälle vorbereitet und bewahren Sie eine Erste-Hilfe-Ausrüstung im Stall auf. Wenn Sie das Pferd transportieren, empfiehlt es sich dringend, ebenfalls eine solche Ausrüstung dabeizuhaben.

Sie sollte die folgenden Dinge enthalten:

- Eine Reihe von Bandagen sowie Klebeband und Klammern
- einige Wundverbände
- Watte und Gazerollen
- Erkältungsmittel
- Salz oder Salzwasser
- ein Desinfektionsmittel
- Wundspray oder -salbe
- antibiotischen Puder
- eine scharfe Schere
- ein Fieberthermometer
- eine Spritze
- Bittersalz
- Material für Umschläge und Kältekissen
- Vaseline

Blutungen

Legen Sie dem Pferd eine Trense oder ein Halfter an und halten Sie es ruhig, da Bewegungen die Blutung fördern. Wenn Blut aus der Wunde herausspritzt, drücken Sie eine Kompresse oder einen Wattebausch fest darauf. Verständigen Sie unverzüglich den Tierarzt.

Wenn das Blut langsamer austritt, drücken Sie zehn Sekunden lang fest mit einem Wattebausch auf die Wunde. Hält die Blutung an, wiederholen Sie den Vorgang und drücken etwas länger. Blutet die Wunde nach ein paar Wiederholungen immer noch, legen Sie saubere Watte darauf und bandagieren den Bereich für eine halbe Stunde. Wenn die Blutung immer noch nicht aufgehört hat, sollten Sie erneut 30 Minuten lang eine Bandage anlegen und den Tierarzt rufen, falls Sie es noch nicht getan haben.

Augenverletzungen

Augentropfen werden vorsichtig in einer Linie ins untere Lid hineingeträufelt. Dann schließen Sie die Lider sanft mit den Fingern.

Wunden

Reinigen Sie die Wunde mit einer Salzlösung oder einem Antiseptikum. Prüfen Sie dann, ob die Wunde größer als zwei Zentimeter ist. In diesem Fall muss sie vom Tierarzt genäht werden. Kleinere Schnittverletzungen kann man selbst mit Wundsalbe oder -spray behandeln. Wenn möglich, verbindet man sie zudem mit einem sterilen Verband.

○ Ein getrübtes und milchiges Auge kann auf eine Erkrankung hindeuten.

Schwellungen an den Beinen

Wenn ein Bein geschwollen ist, spritzen Sie es mit kaltem Wasser ab. Zunächst richten Sie den Schlauch auf den Huf und bewegen den Wasserstrahl dann langsam nach oben, damit das Pferd sich daran gewöhnt. Kühlen Sie das Bein auf diese Weise 15 Minuten lang.

Wenn Sie keine Möglichkeit haben, das Bein abzuspritzen, können Sie auch ein spezielles Kältekissen auflegen. Prüfen Sie aber, ob es nicht zu kalt ist, da dies dem Pferd schaden kann. Die meisten Kältekissen bestehen aus einem Gel, das sich der Körperform anpasst und gut bandagiert werden kann. Als Alternative kann man auch eine Packung tiefgefrorene Erbsen verwenden.

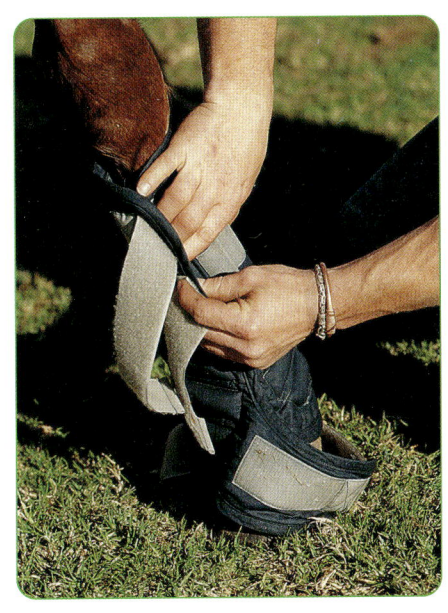

Umschläge

Warme, feuchte Umschläge wirken reinigend und entzündungshemmend und werden bei Stichwunden oder bei Fußinfektionen angewendet. Sie dürfen nicht bei einer wundfreien Schwellung angebracht werden. In der Nähe von Gelenken muss man besonders vorsichtig sein. Befeuchten Sie den Verband mit heißem Wasser und drücken Sie ihn dann etwas aus (zum Beispiel zwischen zwei übereinandergelegten Tellern). Legen Sie eine Plastikfolie über den Umschlag und umwickeln Sie ihn dann mit Gaze und einer selbstklebenden Bandage. Fußumschläge kann man gut mit einer Wegwerfwindel fixieren. Wenn man die Bandage mit einem breiten Klebeband befestigt, ist sie relativ gut geschützt. Als Alternative dazu kann man einen Überschuh verwenden, der den Fuß sauber hält. Umschläge sollten zwei- bis dreimal täglich gewechselt werden, da sie nur wirken, solange sie warm sind.

Man sollte sie nicht länger als ein paar Tage anwenden, es sei denn, der Tierarzt ordnet dies ausdrücklich an.

○ *Ein Umschlag wirkt gegen Infektionen und ein Überschuh hält den Fuß sauber.*

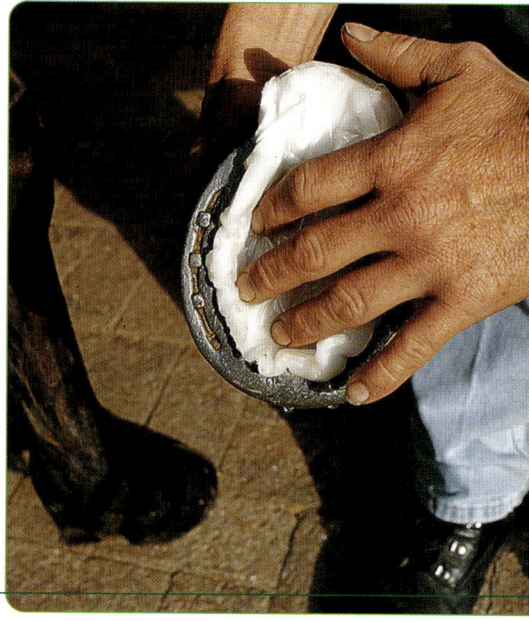

Arzneimittel verabreichen

- Pulver und flüssige Mittel können ins Futter gegeben werden. Wenn nötig, vermischt man sie mit Melasse, damit sie nicht im Futtertrog zurückbleiben.
- Pasten wie zum Beispiel Entwurmungsmittel werden in Spritzen (natürlich ohne Injektionsnadeln) mit genauen Dosierungsangaben geliefert.

- Prüfen Sie, ob das Pferd nichts im Maul hat. Legen Sie dann eine Hand auf seine Nase, schieben Sie die Spritze beim Mundwinkel ins Maul und spritzen Sie die Dosis auf einmal hinein.
- Halten Sie den Kopf des Pferdes fest, bis es alles geschluckt hat. Wenn Sie die Unterseite des Kiefers leicht massieren, können Sie die Schluckbewegung fördern.

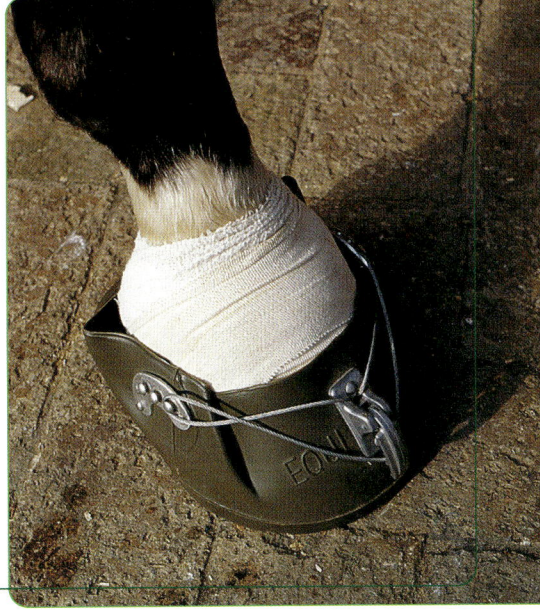

Pferdebesitzer sollten auf eine Reihe von Notfällen und Erkrankungen vorbereitet sein. Wenn das Pferd ernsthaft verletzt oder erkrankt ist, sollte in jedem Fall der Tierarzt gerufen werden.

Azoturie (Nierenverschlag)

Dieser Zustand wird durch eine hohe Milchsäurekonzentration in den Muskeln verursacht und führt zu Schwäche, Schmerzen und in Extremfällen zu Muskelschädigungen. Das Pferd will sich nicht mehr bewegen, die Muskeln in Rücken- und Lendenbereich verhärten sich und schmerzen und das Pferd kann nur mühsam Wasser lassen; der Urin hat eine dunkelrote Farbe. Steigen Sie sofort ab, falls Sie gerade reiten, und legen Sie, falls vorhanden, eine Jacke oder etwas Ähnliches über die Lendengegend des Pferdes, um sie warm zu halten. Versuchen Sie, einen Transporter zu organisieren und das Pferd darin nach Hause zu bringen. Sobald es im Stall steht, sollten Sie es mit einer Decke warm halten.

Hufrehe

Sie entsteht aufgrund einer schlechten Durchblutung des Fußes. Die Folge ist, dass die Lamina, die das Hufbein an der vorderen Hufwand festhält, sich zurückbildet. Die vorderen Füße sind am stärksten betroffen. Anfangs werden die Bewegungen des Pferdes holpriger; in extremen Fällen kann das Hufbein sich lösen. Hufrehe kann durch Stress verursacht werden und kommt häufig bei Ponys vor, die auf zu üppigen, grasbewachsenen Weiden stehen. Sie ist sehr schmerzhaft. Wenn das Pferd in der Lage ist zu gehen, sollten Sie es in den Stall bringen. Entfernen Sie sämtliches Futter. Wenn das Pferd sich nicht bewegen kann, beruhigen Sie es nach Möglichkeit, bis der Tierarzt kommt (s. a. S. 158).

Knochenbrüche

Sie kommen am häufigsten an den Beinen vor. Anzeichen für einen Bruch sind plötzliche Schmerzen und eine Schwellung. Häufig ist eine ungewöhnliche Position des Knochens erkennbar. Halten Sie das Pferd ruhig, bis der Tierarzt eintrifft.

Kolik

Alle Schmerzen im Bauchbereich werden als Kolik bezeichnet. Es gibt krampfartige und blähende Koliken sowie Verstopfungen im Dickdarm. Koliken können durch einen Wurmbefall, Stress oder eine plötzliche Futterumstellung verursacht werden. Behandelt werden sie mit krampflösenden Präparaten und Schmerzmitteln oder Paraffinöl, um Verstopfungen zu lösen. Wenn Ihr Pferd eine Kolik hat, sollten Sie jegliches Futter entfernen und dafür sorgen, dass die Box dick eingestreut ist, um Verletzungen vorzubeugen, falls das Pferd sich wälzt. Führen Sie es vorsichtig im Schritt. Versuchen Sie zu verhindern, dass es sich wälzt. Wenn es sich nicht daran hindern lässt, gehen Sie aus der Bahn, um nicht selbst verletzt zu werden.

Liegendes Pferd

Manchmal geraten Pferde in der Box in eine Position, aus der sie nicht mehr alleine aufstehen können. Wenn möglich, ziehen

Sie den vorderen Teil des Pferdes von der Wand weg und gehen dann sofort aus dem Weg, wenn es wieder aufsteht. Falls es das immer noch nicht kann, benötigen Sie wahrscheinlich Hilfe, da man das Pferd dann mithilfe von Longen und Stricken komplett drehen muss. Sobald es wieder auf den Beinen ist, sollten Sie es auf Verletzungen untersuchen.

Objekte im Huf

Entfernen Sie das Objekt nach Möglichkeit. Ein Nagel lässt sich zum Beispiel leicht entfernen. Aber alle großen oder nicht gut erkennbaren Objekte sollte man nicht anrühren. Reinigen Sie den Bereich mit Wasser und stellen Sie den Huf, falls möglich, in einen Eimer mit warmem Wasser. Legen Sie dann Watte auf den betroffenen Bereich und bandagieren Sie ihn, bis der Tierarzt eintrifft.

Starke Sehnenverletzungen

Extreme Belastungen können dazu führen, dass eine Sehne an- oder durchreißt. Beim Sehnenriss sinkt der Fesselkopf nach unten. Das Pferd sollte sich möglichst nicht bewegen. Während Sie auf den Tierarzt warten, spritzen Sie das Bein mit kaltem Wasser ab, um die Schmerzen sowie die Schwellung zu lindern, und legen ein Kühlkissen auf, das Sie mit einer Bandage befestigen.

Im Stacheldraht verfangen

Holen Sie Hilfe und besorgen Sie Drahtzangen. Dies ist eine gefährliche Situation, da das Pferd Panik bekommen und sich noch stärker verletzen kann. Wenn möglich, legen Sie ihm ein Halfter an, um es festzuhalten. Wenn das Pferd am Boden liegt, knien Sie sich auf seinen Hals und drücken seinen Kopf auf den Boden, damit es nicht weiter versucht, sich zu befreien. Sobald der Draht aufgeschnitten wurde, sollten Sie aus dem Weg gehen, wenn das Pferd aufsteht. Behandeln Sie die Wunden und benachrichtigen Sie den Tierarzt, falls sie genäht werden müssen.

Vergiftung

Die Symptome können hier ähnlich wie bei einer Kolik sein. Außerdem kommen Durchfall, eine hektische Atmung und Schwitzen dazu. Wenn das Pferd auf der Koppel steht, bringen Sie es in den Stall. Entfernen Sie sämtliches Futter und verständigen Sie sofort den Tierarzt. Am häufigsten werden Vergiftungen durch giftige Pflanzen verursacht.

Würgen

Wenn ein Stück Apfel oder etwas Trockenfutter im Hals des Pferdes stecken bleibt, versucht es vielleicht mit gesenktem Kopf und angespanntem Nacken zu schlucken. Pferde können sich nicht übergeben, aber es ist sehr unwahrscheinlich, dass sie ersticken. Geben Sie dem Pferd kein Wasser, da es direkt in die Lungen geraten könnte. Benachrichtigen Sie den Tierarzt. Manchmal kann man spüren, wo etwas festhängt, und die Blockade durch sanftes Massieren auflösen helfen.

Abszess

Infektion unter der Haut, die eine schmerzhafte Beule verursacht. Behandeln Sie die Stelle mit einer heißen Kompresse. Hartnäckige Abszesse sollten vom Tierarzt geöffnet werden. Wenn das geschieht oder ein Abszess aufplatzt, sollten Sie die Haut in der Umgebung mit einer blockierenden Salbe schützen. Reinigen Sie den betroffenen Bereich mit einer Salzlösung und tragen Sie dann eine antibiotische Salbe auf.

Anämie

Wenn das Pferd lethargisch und antriebslos wirkt und die Schleimhäute um die Augen und das Maul herum blass aussehen, könnte ein Bluttest ergeben, dass das Pferd eine Anämie hat.

Arthritis

Entzündliche Erkrankung der Gelenke, die aufgrund von Abnutzung entsteht und vorwiegend bei älteren Pferden auftritt. Unter tierärztlicher Anleitung kann man die Arthritis häufig in den Griff bekommen. Zudem kann man sie mit Kräutern und alternativen Heilmethoden behandeln.

Arthrose

Sie tritt häufig bei älteren Pferden auf und wird durch ein ungewöhnlich starkes Knochenwachstum an den Gelenken verursacht, beispielsweise an Fessel- und Fesselkopfgelenk oder dem Sprunggelenk. Eine Behandlung des Tierarztes sowie spezielle Hufeisen können helfen, aber das Pferd wird wahrscheinlich immer wieder lahmen.

Ballentritt

Ein Bluterguss oder eine Wunde, die durch den hinteren Fuß verursacht wird. Dieser tritt zu weit unter und verletzt so die Ferse des Vorderfußes. Dies kann man durch die Verwendung von Springglocken während der Arbeit mit dem Pferd verhindern. Reinigen Sie den betroffenen Bereich gründlich und tragen Sie eine antibiotische Salbe auf. Bei großen oder tiefen Wunden muss der Tierarzt gerufen werden.

Chronischer Staubhusten

Die Atemwege des Pferdes werden durch zähen Schleim blockiert, sodass das Atmen schwer wird. Die Ursache ist eine Reaktion oder Allergie auf die Pilzsporen in Heu und Stroh. Das betroffene Pferd muss in einer möglichst staubfreien Umgebung gehalten werden und wird in der Regel mit Antihistaminen oder Bronchien erweiternden Mitteln behandelt, damit die Atemwege befreit werden.

Degenerative Gelenkserkrankung

Arthritis, die durch eine starke Belastung der Gelenke entsteht.

Dehydration

Vor allem bei heißem Wetter oder großen Anstrengungen benötigt das Pferd zusätzliche Elektrolyte, um Flüssigkeit, Salze und Mineralien zu ersetzen. Die Dehydration lässt sich daran erkennen, dass die Haut nicht geschmeidig in die alte Form zurückgeht, wenn man mit den Fingern eine Hautfalte formt. In extremen Fällen kann dieser Zustand eine Azoturie mit verursachen.

Druckstellen an der Hufsohle

Druckstellen oder Blutergüsse an der Hufsohle sind schmerzhaft und führen zum Lahmen. Häufig werden sie durch schlecht sitzende oder zu lang am Huf belassene Hufeisen verursacht. Nach Entfernung des Hufeisens können warme Umschläge gegen eine latente Infektion angewendet werden. Häufig werden spezielle Hufeisen an den Huf angepasst, die den Druck auf die Sohle reduzieren.

Eiter im Huf

Dieses Symptom tritt relativ häufig auf. In der Regel wird es durch ein Loch in der Hufsohle verursacht, das dazu führt, dass der Huf sich entzündet. Das Pferd lahmt plötzlich und der Huf fühlt sich heiß an. Der Tierarzt schneidet das Horn im Bereich des Abszesses weg. Zudem bandagiert man den Huf und wendet zwei- bis dreimal täglich Umschläge an, bis die Infektion vollkommen abgeklungen ist. Dann stopft man das Loch mit Watte aus, die mit einem antibiotischen Spray eingesprüht wurde. Der Auftrag einer Paste aus Zucker und Jod fördert die Bildung einer harten Hornschicht im betroffenen Bereich.

Hufrollenentzündung

Chronische Erkrankung, die durch stärker werdendes Lahmen auf den Vorderbeinen erkennbar wird. Medizinische Hufeisen und verschreibungspflichtige Medikamente können Linderung bringen.

◑ Ein gesundes Pferd, voller Kraft ...

Husten

Er kann auf eine Allergie oder einen Virus hindeuten und wird daher von weiteren Symptomen begleitet. Die Behandlung richtet sich danach, welche Ursache zugrunde liegt (s. a. S. 156).

Läuse

Kleine Hautparasiten, die einen Juckreiz verursachen und daher zu Scheuerstellen führen. Das Pferd muss mit einem speziellen Läuseshampoo behandelt werden. Auch die gesamte Ausrüstung muss entsprechend behandelt werden, um einen erneuten Befall zu verhindern.

Lymphangitis

Eine Entzündung der Lymphgefäße. Diese Erkrankung ist auch als Montagmorgenkrankheit bekannt, da sie häufig auftritt, wenn die Tiere länger im Stall stehen und die gleiche Futterration wie sonst auch erhalten, aber nicht bewegt werden. Sie äußert sich durch geschwollene, dicke Beine. Wenn dieses Symptom auftritt, geht man langsam mit dem Pferd spazieren, um den Kreislauf anzuregen. Darüber hinaus spritzt man die Beine mit kaltem Wasser ab, damit die Schwellung zurückgeht. Als vorbeugende Maßnahme reduziert man die Futterration am Abend vor sowie an einem Ruhetag.

Nesselsucht

Bei der Nesselsucht entstehen Beulen auf der Haut, die plötzlich auftreten und ebenso rasch wieder verschwinden. Sie kann zusammen mit anderen Erkrankungen auftreten. Es kann sich aber auch um eine allergische Reaktion auf ein bestimmtes Futter oder Nesseln handeln. In der Regel ist die Nesselsucht harmlos. Wenn sie allerdings zu unangenehm für das Pferd wird, kann der Tierarzt ein Schmerzmittel verschreiben.

Pferdegrippe

Zu den Symptomen gehören eine erhöhte Temperatur, Schnupfen, Husten und geschwollene Drüsen unter dem Unterkiefer. Der Virus ist sehr ansteckend. Man kann einer Erkrankung allerdings durch Impfungen vorbeugen (s. a. S. 154).

Piephacken

Schwellungen im Sprunggelenksbereich, die durch Abschürfungen entstehen. In der Regel kann man mit einer guten Einstreu dagegen vorbeugen.

Pilzinfektionen

Bei Pilzinfektionen entstehen kahle, verkrustete Stellen auf der Haut. In Ställen kann eine Infektion rasch auf die anderen Pferde übertragen werden. Das gesamte Sattel- und Zaumzeug sowie alle anderen Ausrüstungsgegenstände, die mit betroffenen Pferden in Berührung gekommen sind, müssen desinfiziert werden, um eine erneute Infektion zu vermeiden. Pferde mit Pilzerkrankungen sollten nicht transportiert werden. Man behandelt sie mit Antibiotika oder Lösungen, die gegen Pilze wirken.

Rissige Fersen

Sie entstehen bei nassen, schlammigen Bedingungen. Die Fessel wird im hinteren Bereich rissig, entzündet sich und schwillt an. Die Fersen sollten so trocken wie möglich gehalten werden. Zudem wendet man antibakterielle Salben an.

Satteldruck

Abgeschürfte, empfindliche Stellen auf der Haut, die durch einen schlecht sitzenden Sattel entstehen. Sobald sie verheilt sind, können dort weiße Haare nachwachsen.

Wundstarrkrampf

Jedes Pferd sollte regelmäßig gegen diese Infektion des Nervensystems geimpft werden. Sie wird durch Bakterien verursacht, die durch Wunden in den Körper gelangen. Bei den ersten Anzeichen von Wundstarrkrampf sollten Sie sofort den Tierarzt verständigen (s. a. Impfung S. 154).

Würmer

Einen Wurmbefall kann man durch eine gute Stallpflege sowie regelmäßige Wurmkuren verhindern. Wenn es zum Befall gekommen ist, sollte man dies sehr ernst nehmen, da es im schlimmsten Fall zum Tod führen kann (s. a. S. 152–153).

○ *Ein junges Pferd braucht viel Auslauf und Aufmerksamkeit ...*

Glossar

Aalstrich
Dunkler Strich auf dem Rücken, der vom Hals bis zum Schweif reicht; vorwiegend bei Falben.

Abschwitzdecke
Zum Eindecken des Pferdes nach der Arbeit; wird auch unter dickeren Decken verwendet, um zu vermeiden, dass das Pferd friert.

Aufziehtrense
Schärfere Trense, die den Kopf des Pferdes nach oben zieht.

Ausbindezügel
Hilfszügel, die beim Longieren eingesetzt werden, damit das Pferd den Kopf unten hält und den Hals schön biegt.

Ausmisten
Reinigen einer Box. Dabei entfernt man Pferdeäpfel und nasse Einstreu.

Bahnfiguren
Bezeichnung für die auf einer Reitbahn gerittenen Figuren.

Bügel-Reithalfter
Es verhindert, dass das Pferd seinen Unterkiefer frei bewegen kann; wird bei der Ausbildung von Pferden und Ponys eingesetzt, die stark nach vorne ziehen.

Dressur
Reitdisziplin, bei der das Pferd aufgrund der Hilfen des Reiters bestimmte Manöver ausführt.

Dressursitz
Grundsitz beim Reiten.

D-Ring-Trensen
Trensen, bei denen die seitlichen Ringe des Gebisses nicht rund, sondern wie ein D geformt sind.

Fessel
Teil des Pferdefußes zwischen Fesselkopf und Huf.

Fesselkopf
Gelenk hinter dem Fesselgelenk, häufig mit langer Behaarung.

Fischauge
Auge des Pferdes, das aufgrund von fehlenden Pigmenten weiß oder blauweiß ist.

Flehmen
Das Pferd hebt den Kopf und zieht die Oberlippe nach oben, um die Luft intensiv zu schnuppern.

Fliegendecke
Leichte Sommerdecke zum Schutz gegen Fliegen und UV-Strahlung.

Gänge
Die Vorwärtsbewegungen des Pferdes Schritt, Trab, Galopp.

Gebäude
Bezeichnung für den Körperbau eines Pferdes mit besonderer Berücksichtigung seiner Proportionen.

Geschirr
Ausrüstung zum Einspannen von Pferden.

Hackamore
Gebissfreies Zaumzeug, das Druck auf den Nasenrücken und das Kinn ausübt.

Halfter
Wird in Kombination mit einem Führstrick verwendet, um das Pferd zu führen oder anzubinden.

Hannoversches Reithalfter
Zaumzeug, bei dem der Nasenriemen unterhalb des Gebisses verschnallt wird.

Heißbeschlag
Bezeichnung dafür, dass die Hufeisen dem Huf angepasst werden, indem sie erhitzt und vom Hufschmied in die richtige Form gebracht werden.

Heunetz
Spezielles Netz, das mit Heu oder Stroh gefüllt und in Kopfhöhe des Pferdes angebracht wird.

Hilfen
Signale des Reiters an das Pferd, mit denen er es dirigiert. Es gibt Gewichts-, Zügel- und Schenkelhilfen.

Hufwand
Sichtbarer Teil des Hufes.

Kaltblut
Schweres Pferd, das in der Regel als Zugpferd eingesetzt wird.

Kandarenzaum
Kandarengebiss, das häufig mit einer Unterlegtrense kombiniert und mit zwei Paar Zügeln geritten wird.

Kappzaum
Zaum mit einem Standard-Nasenriemen.

Kimblewick
Variation des Pelhams, die mit einem Paar Zügel bedient wird.

Kinnkette
Verläuft unter dem Kinn des Pferdes und wird in Kombination mit einem Kandarengebiss verwendet.

Knebeltrense
Sie hat ein Gebiss mit beidseitigen Wangenstangen; wird bei Pferden eingesetzt, die vor Hindernissen oft ausbrechen.

Koppen
Eine potenziell gefährliche Angewohnheit des Pferdes, bei der es Luft ansaugt.

Köte
Horniges Gebilde an der hinteren Seite des Fesselkopfgelenks.

Krone
Bereich über dem Huf, unterhalb der Fessel.

Kruppe
Oberer Bereich der Hinterhand.

Longieren
Training des Pferdes an der Longe. Dabei läuft es im Kreis um den Longierenden herum.

Luzerne
Grünfutter.

Mähnenkamm
Obere Halslinie.

Marmorscheck
Fellzeichnung bei Appaloosas mit weißen Flecken, die über den ganzen Körper verteilt sind.

Martingal
Gurte, die dazu dienen, zusätzliche Kontrolle über das Pferd zu gewinnen und es daran zu hindern, seinen Kopf nach oben zu werfen; man unterscheidet zwischen stehendem und gleitendem Martingal.

Mexikanisches Reithalfter
Zaumzeug mit gekreuzten Nasenriemen auf der Nase; besonders bei Geländereitern beliebt.

Neuseelanddecken
Decken, die bei jedem Wetter auf der Koppel oder dem Paddock verwendet werden können. Halten das Pferd sauber, trocken und warm.

Parade
Bezeichnung für eine Zügelhilfe (s. Hilfen).

Pelham
Gebiss, bei dem Unterlegtrense und Kandarengebiss in einem Mundstück miteinander kombiniert sind.

Piebald
Bezeichnung zur Beschreibung einer Fellfärbung, vor allem bei Ponys. Das Fell hat große schwarzweiße Flecken.

Renntrense
Siehe D-Ring-Trense.

Röhrbein
Knochen zwischen Sprunggelenk und Fesselkopf.

Sattelkranz
Hinteres Sattelende.

Sattelpad
Dicke Satteldecke.

Schabracke
Rechteckige Decke, die unter den Sattel gelegt wird.

Schneeflockenscheck
Fellzeichnung bei Appaloosas; der Körper ist dunkel und hat weiße Sprenkel.

Schweifrübe
Dicker, fleischiger Teil am oberen Schweifende.

Sehnenschoner
Ähneln den Streichkappen, sind aber an der Vorderseite offen; schützen Sehnen und Fesselköpfe.

Skewbald
Anglo-amerikanische Bezeichnung für bunt-weiße Schecken.

Sperrriemen
Riemen, der vorne am Kappzaum befestigt und unterhalb des Gebisses verschnallt wird.

Springglocken
Glockenförmiger Schutz, um die Hufe des Pferdes zu schützen.

Sprunggelenk
Gelenk zwischen Knie und Fesselkopf.

Steigbügel
Fußhalter für den Reiter, der mit Steigbügelriemen am Sattel befestigt ist.

Stollen
Metallstifte, die in die Hufeisen geschraubt werden können, um dem Pferd mehr Halt auf dem Untergrund zu bieten.

Strahl
Gummiartiger, horniger Teil an der Hufsohle, der als Stoßdämpfer dient.

Strahlfäule
Bakterielle Infektion des Strahls.

Streichkappen
Schoner, die den unteren Beinbereich schützen.

Striegel
Wird zum Putzen des Fells verwendet; Metallstriegel nutzt man nur, um Kardätschen und andere Bürsten zu reinigen.

Tigerscheck
Fellzeichnung bei Appaloosas; der Körper ist hell und hat dunkle Flecken.

Transportgamaschen
Sie schützen den Bereich von den Sprungge-lenken beziehungsweise den Knien bis über den Kronenrand und werden bei Transporten eingesetzt.

Trense
Kopfgeschirr mit Gebiss und Zügeln zur Kontrolle des Pferdes.

Trensengebiss
Weichste Gebissart, die mit einer Trense kombiniert wird.

Vielseitigkeitsreiten
Kombination aus Dressur, Springen und Geländereiten.

Vorderzeug
Gurte, die verhindern, dass der Sattel nach hinten rutscht.

Vorderzwiesel
Erhebung am vorderen Sattelende.

Widerrist
Kante zwischen den Schulterblättern.

Wurzelbürste
Harte Bürste mit langen Borsten zum Putzen des Fells; wird aber nicht für Mähne und Schweif eingesetzt.

Register

Nationale Verbände und Vereinigungen

Fédération Equestre Internationale (FEI)

PO Box 157
1000 Lausanne 5
Schweiz
Tel.: + 41 21 310-4747
Fax: + 41 21 310-4760
www.horsesport.org

Diese Organisation hat 128 Mitgliedsländer, darunter:

Australien

Equestrian Federation of Australia
Level 2, 196 Greenhill Rd, Eastwood
SA 5063
Tel.: + 61 88 357-0077
Fax: + 61 88 357-0091
E-Mail: info@efanational.com

Belgien

Fédération Royale Belge des Sports Equestres
Avenue Houba de Strooper 156
Bruxelles 1020
Tel.: + 32 2 478-5056
Fax: + 32 2 478-1126
E-Mail: info@equibel.be

Deutschland

Deutsche Reiterliche Vereinigung
Postfach 11 02 65
48231 Warendorf
Tel.: + 49 2581 6-3620
Fax: + 49 2581 6-2144
E-Mail: fn@fn-dokr.de

Frankreich

Fédération Française d'Equitation
Immeuble le Quintet, Bâtiment E 81/83
Avenue E.Valliant, Boulogna, Billancourt 92517
Cedex
Tel.: + 33 1 5817-5817
Fax: + 33 1 5817-5853
E-Mail: dtnadj@ffe.com

Irland

Equestrian Federation of Ireland
Ashton House
Castleknock, Dublin 1515
Tel.: + 353 1 868-8222
Fax: + 353 1 882-3782
E-Mail: efi@horsesport.ie

Italien

Italian Equestrian Federation
Viale Tiziano 74-76, 00196 Rome
Tel.: + 39 6 3685-8105
Fax: + 39 6 323-3772
E-Mail: fise@fise.it

Kanada

Equine Canada
2460 Lancaster Road, Suite 200
Ottawa, Ontario KIB 455
Tel.: + 1 613 248-3433
Fax: + 1 613 248-3484
E-Mail: dadams@equestrian.ca

Neuseeland

New Zealand Equestrian Federation
PO Box 6146, Te Aro, Wellington 6035
Tel.: + 64 4 801-6449
Fax: + 64 4 801-7701
E-Mail: nzef@nzequestrian.org.nz

Niederlande

Stichting Nederlandse Hippische Sportbond
PO Box 3040, Ca Ermelo 3850
Tel.: + 31 577 40-8200
Fax: + 31 577 40-1725
E-Mail: info@nhs.nl

Norwegen

Norges Rytterforbund
Serviceboks 1 u.s.
Sognsveien 75, Oslo 0840
Tel.: + 47 21 02-9650
Fax: + 47 21 02-9651
E-Mail: nryf@rytter.no

Österreich

Bundesfachverband für Reiten und Fahren in
Österreich
Geiselbergstraße 26-32/512
1110 Wien
Tel.: + 43 1 749-9261
Fax: + 43 1 749-9291
E-Mail: office@fena.at

Portugal

Federaçao Equestre Portuguesa
Avenida Manuel da Maia No. 26
4eme Droite, Lisbon 1000-201
Tel.: + 351 21 847-8774
Fax: + 351 21 847-4582
E-Mail: secgeral@fep.pt

Schweden

Svenska Ridsportförbundet
Ridsportens Hus, Strömsholm
Kolback 73040
Tel.: + 46 220 4-5600
Fax: + 46 220 4-5670
E-Mail: kansliet@ridsport.se

Schweiz

Fédération Suisse des Sports Equestre
H Case Postale 726
3000 Berne 22
Tel.: + 41 31 335-4343
Fax: + 41 31 335-4357/8
E-Mail: vst@svps-fsse.ch

Spanien

Real Federaçion Hipica Española
C/Menorca, No. 3, 4° 28009 Madrid
Tel.: + 34 91 436 42 00
Fax: + 34 91 575 07 70
E-Mail: rfhe@rfhe.com

Südafrika

SA National Equestrian Federation
PO Box 30875, Kyalami, 1684 Gauteng
Tel.: + 27 11 468-3236
Fax: + 27 11 468-3238
E-Mail: sanef@iafrica.com

Vereinigtes Königreich

British Equestrian Federation
National Agricultural Centre
Stoneleigh Park, Kenilworth
Warwickshire, Warcs CV8 2RH
Tel.: + 44 24 7669-8871
Fax: + 44 24 7669-6484
E-Mail: info@bef.co.uk

Vereinigte Staaten von Amerika

USA Equestrian Inc.
4047 Iron Works Parkway
Lexington, KY 40511
Tel.: + 1 859 258-2472
Fax: + 1 859 231-6662
E-Mail: doconnor@usef.org

Bildnachweis

Erstveröffentlichung 2004 unter dem Titel
„The complete guide to caring for your horse"
New Holland Publishers Ltd

Copyright © 2004
New Holland Publishers (UK) Ltd
Copyright © 2004 Text:
Bernadette Faurie und Penny Swift
Copyright © 2004 Illustrationen:
New Holland Publishers (UK) Ltd
Copyright © 2004 Fotografie:
Struik Image Library (SIL) und New Holland
Image Library (NHIL/Janek Szymanowski)
und andere siehe Liste gegenüber.

Genehmigte Lizenzausgabe
EDITION XXL GmbH
Fränkisch-Crumbach 2007
www.edition-xxl.de

Layout, Satz und Umschlaggestaltung:
SAMMÜLLER KREATIV GmbH

ISBN (13) 978-3-89736-299-4
ISBN (10)   3-89736-299-6